重型汽车国六标准实施要点研究

丁 焰　尹 航　陈大为　主编

中国环境出版集团·北京

图书在版编目（CIP）数据

重型汽车国六标准实施要点研究/丁焰，尹航，陈大为主编.
—北京：中国环境出版集团，2022.3
ISBN 978-7-5111-5102-5

Ⅰ. ①重… Ⅱ. ①丁…②尹…③陈… Ⅲ. ①汽车排气污染—污染物排放标准—研究—中国 Ⅳ. ①X734.201-65

中国版本图书馆 CIP 数据核字（2022）第 048940 号

出 版 人	武德凯
责任编辑	殷玉婷
责任校对	薄军霞
封面设计	艺友品牌

出版发行	中国环境出版集团 （100062 北京市东城区广渠门内大街 16 号） 网　　址：http://www.cesp.com.cn 电子邮箱：bjgl@cesp.com.cn 联系电话：010-67112765（编辑管理部） 发行热线：010-67125803，010-67113405（传真）
印　　刷	北京中科印刷有限公司
经　　销	各地新华书店
版　　次	2022 年 3 月第 1 版
印　　次	2022 年 3 月第 1 次印刷
开　　本	787×1092　1/16
印　　张	9.5
字　　数	190 千字
定　　价	50.00 元

编 委 会

主　编：丁　焰　尹　航　陈大为

编　委：李　刚　关　敏　纪　亮　王军方

王明达　滕　琦　王宏丽　郝春晓

黄志辉　解淑霞　王鲁昕

前 言

2020 年，全国机动车保有量达 3.72 亿辆，其中汽车保有量达 2.81 亿辆，同比增长了 8.1%。“十三五”期间增加了 1 亿多辆。我国移动源污染问题日益突出，相关研究显示，机动车等移动源排放的氮氧化物（NO_x）已经占到排放总量的 60%左右，挥发性有机物（VOCs）占 23%左右。其中，重型车的保有量不足汽车保有量的 4%，但 NO_x 和颗粒物（PM）的排放量均超过汽车排放总量的 80%。各地的 $PM_{2.5}$ 源解析结果也表明，移动源对 $PM_{2.5}$ 的质量浓度贡献率为 10%～50%，已成为北京、上海、深圳、成都等大中型城市空气污染的主要来源。机动车船大都运行在城市区域的人口密集区，因此排放的污染物直接危害人体健康。

“十三五”以来，在党中央、国务院的总体部署下，通过不断完善法律法规标准体系，移动源污染防控在提升新车污染防治水平、淘汰老旧机动车、综合整治非道路移动源、推进运输结构调整、加速推进车辆燃油低硫化进程等方面取得了积极进展。2018 年 6 月 27 日，国务院印发《打赢蓝天保卫战三年行动计划》；2018 年 12 月，经国务院同意，生态环境部等 11 部委联合印发《柴油货车污染治理攻坚战行动计划》，部署了清洁柴油车、清洁柴油机、清洁运输和清洁油品四大行动措施。

我国于 2000 年正式实施《汽车排放污染物限值及测试方法》（GB 14961—

1999）即国一阶段排放标准，2004 年实施《车用压燃式发动机排气污染物排放限值及测量方法》（GB 17691—2001）即国二阶段排放标准，2008 年、2011 年、2017 年分别实施《车用压燃式、气体燃料点燃式发动机与汽车排气污染物排放限值及测量方法（中国Ⅲ、Ⅳ、Ⅴ阶段）》（GB 17691—2005）中国三、国四和国五阶段排放标准，2020 年实施《重型柴油车污染物排放限值及测量方法（中国第六阶段）》（GB 17691—2018）即国六阶段排放标准（又称重型车国六标准）。目前，汽车尾气污染物排放已大幅下降。轻型汽车单车尾气一氧化碳（CO）和碳氢化合物（HC）排放已下降 95%以上；重型汽车单车 NO_x 排放下降 75%以上，PM 排放下降 95%以上。

重型车国六标准的发布及实施，意味着机动车污染控制技术水平进一步提高，重型车国六标准由于限值要求严格，技术内容复杂，给所有汽车生产和进口企业都带来了新的挑战。本书从重型车国六标准实施应对角度出发，对车辆环保信息公开、型式检验要求及流程、型式检验扩展条件、钒基催化器车辆要求、生产一致性、在用符合性和重型车远程排放管理终端等方面进行了详细解读。希望此书可以更加有效地帮助相关企业解决重型车国六标准实施中的疑难问题，切实提高企业新生产机动车排放达标水平，加强企业合法合规经营意识，提升标准实施的精准性和有效性，为进一步提升我国机动车排放控制水平提供有力的支持。

本书中，所有分项加和与占比数据由于单位取舍不同或修约而产生的计算误差均未做机械调整。

目 录

第 1 章　概述

王军方　伊　飞

当前，我国移动源污染问题日益突出，已成为空气污染的重要来源。特别是北京、上海、深圳、成都等大中型城市，移动源已经成为细颗粒物（$PM_{2.5}$）污染的重要来源。在重污染天气期间，贡献率会更高。同时，由于机动车大多行驶在人口密集区域，尾气排放直接威胁群众健康。

根据《中国移动源环境管理年报（2021）》，2020 年全国机动车保有量达到 3.72 亿辆，其中汽车 2.81 亿辆（含新能源汽车 492 万辆）。2020 年全国机动车四项污染物排放总量初步核算为 1 593.0 万 t，其中，一氧化碳（CO）769.7 万 t，碳氢化合物（HC）190.2 万 t，氮氧化物（NO_x）626.3 万 t，颗粒物（PM）6.8 万 t。汽车是机动车大气污染排放的主要贡献者，其排放的 CO、HC、NO_x 和 PM 超过机动车排放总量的 90%。按车型分类，货车排放的 NO_x 和 PM 明显高于客车，其中重型货车是主要贡献者；而客车 CO 和 HC 排放量则明显高于货车。

按车型划分的四项污染物排放量分担率见图 1-1～图 1-4。

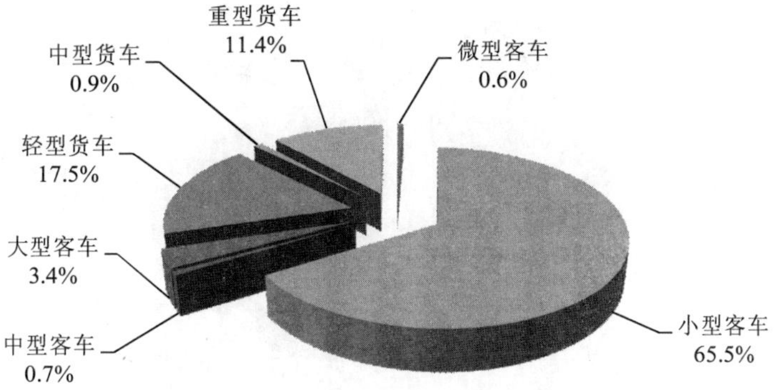

图 1-1　各类型汽车的 CO 排放量分担率

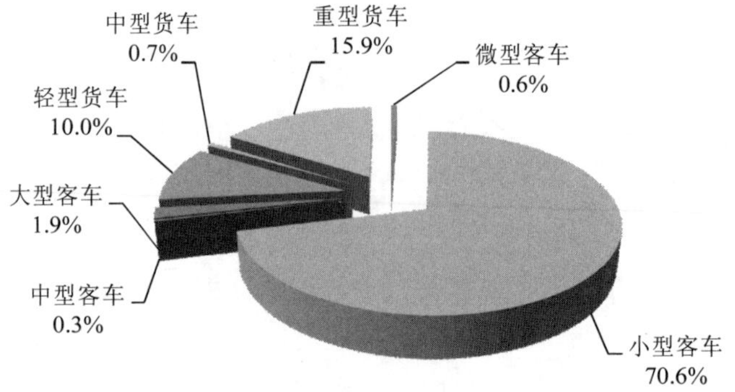

图 1-2　各类型汽车的 HC 排放量分担率

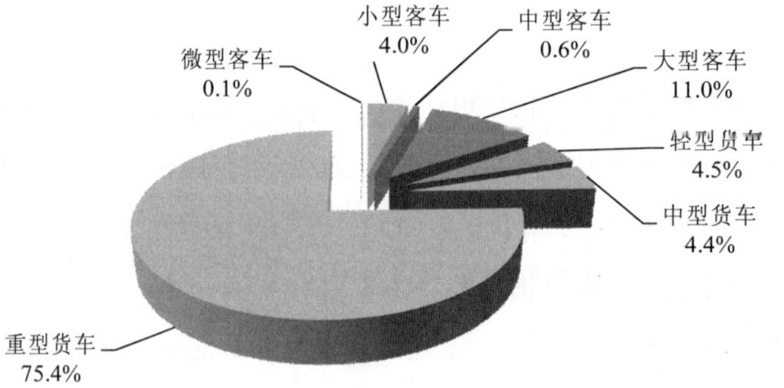

图 1-3　各类型汽车的 NO_x 排放量分担率

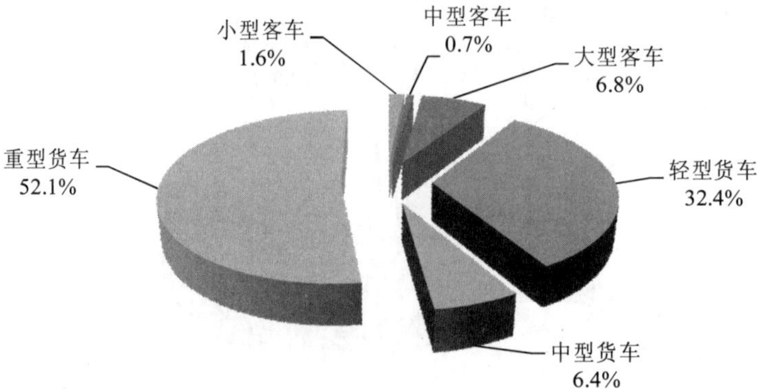

图 1-4　各类型汽车的 PM 排放量分担率

2018 年 6 月，国务院发布了《打赢蓝天保卫战三年行动计划》，该计划要求自 2019 年 7 月 1 日起，重点区域、珠三角地区、成渝地区提前实施重型车国六标准。2018 年 12 月 30 日，生态环境部等 11 部委联合发布了《柴油货车污染治理攻坚战行动计划》，在“清洁柴油车行动”中提出要求，严格实施国家机动车油耗和排放标准。

2018 年 6 月，《重型柴油车污染物排放限值及测量方法（中国第六阶段）》（GB 17691—2018）发布，该标准规定了型式检验、新生产车达标监督检查和在用符合性检查要求。标准融合了欧美等地最先进的排放法规要求，并根据中国国情和管理需要，增加了一系列中国独有的技术内容，已经是世界上最严格的重型车排放标准。为落实《中华人民共和国大气污染防治法》（以下简称《大气污染防治法》）的要求，GB 17691—2018 中取消了型式核准制度，转为型式检验和信息公开，由事前审批转向事中、事后监管。同时，重心也由发动机监管转向了整车监管。技术要求的提升，以及实施管理制度的调整，对标准后续实施管理提出了更高的要求和挑战。为确保汽车企业能及时满足新形势下机动车环境管理要求，需要针对企业的实际情况，开展信息公开、新车下线检验、企业环保自查、在用符合性检查、环保监督检查等相关实施细则的研究工作，确保满足法规标准的各项要求。

1.1　重型车国六标准编制过程

重型车国六标准主编单位为中国环境科学研究院。任务下达后，中国环境科学研究院成立了标准编制组，开始开展标准的研究和制定工作。

（1）基础调查研究

①相关资料的查阅和收集工作，收集了目前已发布的机动车排放标准；

②研究国外法规标准情况，对欧美等地的重型车法规进行了翻译和整理；

③对国内相关法律法规进行了学习研究；

④调研了相关标准的实施情况；

⑤调研了重型汽车行业状况；

⑥对行业污染排放情况及治理技术水平进行了调研，完成控制技术报告初稿。

（2）组织召开技术交流和研讨会

在重型车国六标准任务下达前，针对重型车议题召开多次讨论会和交流会：2013 年至 2014 年年底，与斯堪尼亚销售（中国）有限公司、戴姆勒（中国）商用车投资有限公司、康明斯（中国）投资有限公司、日本汽车工业协会及欧洲汽车工业协会等单位的专家，就欧美地区重型发动机排放法规及其排放控制技术进行交流，并就整车车载法、车载诊断系统等专题进行交流和讨论。通过交流，对国际上先进的重型车排放法规有了深入的理解和认识。

标准编制组与国内外的相关单位继续深入交流，召开多次讨论会和交流会，例如，与国家汽车质量监督检验中心（襄阳）讨论双燃料相关内容；与北京市生态环境局讨论重型车排放标准制定的相关问题；在欧洲汽车工业协会的协助下，邀请欧洲专家，召开车载诊断系统（OBD）、便携式排放测试设备（PEMS）方面的专题讨论会；与康明斯（中国）投资有限公司就国外法规及其实施经验、排放控制技术等方面进行了多次技术交流；与康宁（上海）有限公司、巴斯夫催化剂（上海）有限公司、庄信万丰（上海）化工有限公司等排放控制关键零部件生产企业交流联合国欧洲经济委员会第 49 号法规《关于对装有压燃式发动机汽车及点燃式发动机汽车所排放的气态和颗粒物进行核准的统一规定》（以下简称欧Ⅵ法规），就排放控制技术要点和难点等问题进行了讨论。

与此同时，标准编制组内部组织召开月度例会，定期讨论研究进展和部署下一步研究工作，商议确定各项标准内容。

在国六标准研究期间，还与中国汽车工业协会及其下属 C8 商用车联席会，以及玉柴、潍柴、福田、东风等国内主要发动机和整车生产企业进行了技术交流和研讨。

（3）开展试验验证

在国六标准研究期间，开展了一系列验证试验，包括：

①发动机台架瞬态工况（WHTC）、稳定工况（WHSC）和发动机台架非标准循环（WNTE）试验；

②OBD 和 NO_x 控制试验；

③基准燃油试验；

④整车车载法排放测试规程验证试验；

⑤重型整车转鼓试验（排放、OBD 和远程监控）；

⑥高海拔地区车载法排放试验。

标准编制组参加单位中的部分发动机和整车企业提供了验证试验用的所有发动机和整车。

（4）开题论证

2016 年 3 月，完成国六标准开题论证会，就标准的总体技术路线和主要内容进行了论证。

（5）成立标准工作组

为了使企业能够及时了解标准制定进展，并切实参与到标准的制定工作中，在原有标准编制组基础上，进一步扩大范围，组建了标准工作组。根据标准主要研究内容，分为 7 个工作组开展研究：发动机组、OBD 和 NO_x 控制组、整车测试组、耐久性和排放质保期组、双燃料发动机组、标准实施管理制度组、排放控制技术及环境经济效益分析组。各个工作组的组长单位分别由标准的承担单位和协作单位担任；工作组吸纳发动机、整车、排放控制零部件、检测机构、研究机构等单位参与工作。2016 年 3 月至 5 月，逐步落实和组建标准工作组，5 月中旬召开了“工作组方案落实和标准技术内容研讨会”。各个工作组分头开展工作，部分发动机企业和整车企业积极提供发动机和整车开展试验验证。在此期间，发动机、整车、OBD 等工作组召开了会议，会上各工作组参加单位就相关技术内容进行了研讨，为标准内容的确定提出了建议。

（6）完成标准征求意见稿

2016 年 8 月，经过反复修改和完善，完成标准征求意见稿和编制说明。

（7）公开征求意见，编写标准送审稿

2016 年 10 月 11 日，环境保护部公开发布标准征求意见稿和编制说明，向国务院有关部门、地方环保部门、相关行业企业、科研机构、高等院校及其他单位，以及环境保护部有关业务司局等公开征求意见。

标准编制组对收集到的反馈意见进行汇总、分析研究和处理，对标准文本和编制说明进行了修改。由于修改后的标准与最初的征求意见稿有一定差异，环境保护部于 2017 年 5 月 5 日对标准进行了第二次征求意见。

标准编制组对第二次征求意见收集到的反馈意见进行汇总和处理后，对标准文本和编制说明又做了进一步修改，完成标准送审稿。

（8）召开送审稿技术审查会

2017 年 9 月 12 日，环境保护部科技标准司组织召开了标准送审稿的技术审查会，来自清华大学、中国汽车工业协会、中国内燃机工业协会，以及相关检测机构、地方环保部门、主要行业企业的 9 位专家组成审查专家组，由郝吉明院士任专家组组长，对标准送审稿进行了技术审查。通过讨论、质询，专家组一致通过了标准技术审查，并对标准的制定工作给出了极高的评价，专家打分平均值为 92 分，同时建议尽快上报，完成标准发布工作。

（9）部长专题会审查

2017 年 12 月 5 日，环境保护部组织召开了标准报批稿的部长专题会，由环境保护部大气司对标准主要内容进行汇报。通过讨论、质询，会议通过了标准的专题会审查，并建议将标准实施时间进行适当调整。

1.2 重型车国六标准的必要性

1.2.1 国家及环保主管部门的相关要求

（1）《中华人民共和国大气污染防治法》（中华人民共和国主席令　第三十一号）

第五十一条　机动车船、非道路移动机械不得超过标准排放大气污染物。

禁止生产、进口或者销售大气污染物排放超过标准的机动车船、非道路移动机械。

（2）《国民经济和社会发展第十二个五年规划纲要》第二十四章第一节“强化污染物减排和治理”中指出要加大机动车尾气治理力度

重型柴油车是最重要的移动污染源，随着空气质量需求的增加，重型柴油车有必要继续加严排放控制，且随着技术的发展，重型柴油车仍有继续减排的空间，因此，有必要对标准进行修订，继续提高污染控制要求。

（3）《国家环境保护“十二五”规划》强调继续加强机动车环保定期检验和环保标志管理，实施更严格的国家机动车排放标准

该规划要求实施更为严格的国家机动车排放标准，当时最新的重型柴油车标准为第五阶段，且于2018年在全国范围实施，有必要在此之前制定并出台更加严格的排放标准。

（4）其他

《“十二五”节能减排综合性工作方案》（国发〔2011〕26号）第一次将 NO_x 纳入污染物排放总量控制体系。《环境空气质量标准》（GB 3095—2012）中首次引入了 $PM_{2.5}$ 浓度限值作为空气质量的评价指标。机动车排放是城市大气中 NO_x 和 $PM_{2.5}$ 的主要来源。而在机动车排放的 NO_x 和 $PM_{2.5}$ 中，重型柴油车的贡献日益突出。

在国务院办公厅转发环境保护部等部委的《关于推进大气污染联防联控工作改善区域空气质量指导意见的通知》（国办发〔2010〕33号）中，将“加强机动车污染防治”列为工作重点，内容包括提高机动车排放水平、完善机动车环境管理制度、加快车用燃油清洁化进程和大力发展公共交通。

《大气污染防治行动计划》（国发〔2013〕37号）中，第一条“加大综合治理力度，减少多污染物排放”中明确要求“强化移动源污染防治”，内容包括提升燃油品质、加快淘汰黄标车和老旧车辆、加强机动车环保管理、加快推进低速汽车升级换代、大力推广新能源汽车。

1.2.2 重型汽车污染物排放状况和环境影响

目前，我国大气污染的形势非常严峻，随着机动车保有量的快速增长，我国大中城市的空气污染逐渐转变为以煤烟和机动车排放为主的复合型污染，$PM_{2.5}$成为很多城市最为突出的大气污染问题。控制机动车污染排放，是我国各地完成减排目标，改善空气质量的重要手段。为了减少机动车的污染物排放总量，需从削减单车污染物排放量入手，因此需要制定更加严格的排放标准。

（1）重型车污染物排放情况分析

重型汽车是所有机动车中 NO_x 和 PM 排放的主要来源，生态环境部数据显示，在机动车排放的 NO_x 和 PM 中，分别有 89.6%以上和 61.7%来自重型汽车，见图 1-5。

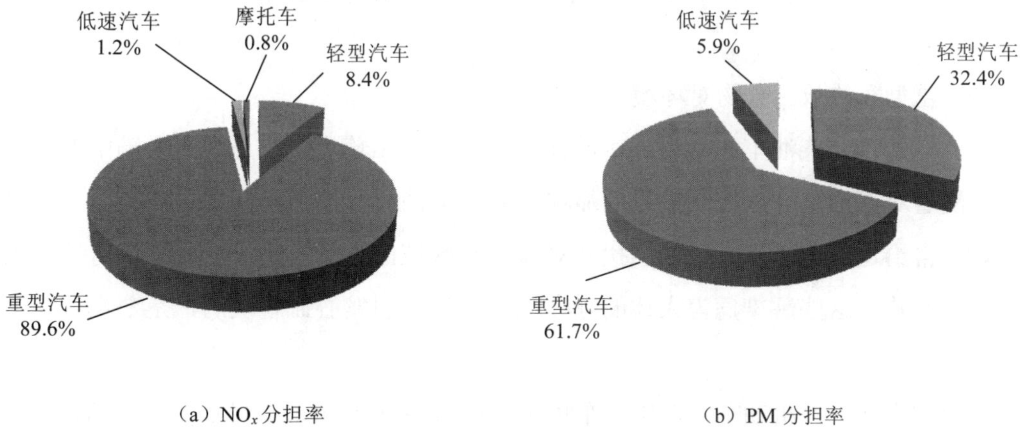

图 1-5 全国机动车分车型污染物排放分担率（2020 年）

对于大城市而言，有研究表明，上海市重型车保有量只占机动车总量的 5.5%，但其 NO_x 和 PM 排放贡献率分别达到 65%和 56%。同样广州市 2009 年重型车对 NO_x 和 PM_{10} 排放的贡献率分别达到 50%和 70%。

从燃油种类角度来看，柴油车是最主要的 NO_x 和 PM 排放源。2020 年，柴油车保有量仅占汽车总量的 16.6%，尽管柴油车的保有量远小于汽油车，但其单车排放量很高，NO_x 排放分担率高达 78.5%，PM 排放则占汽车排放总量的 90.6%，见图 1-6。减少重型柴油车的排放已成为机动车减排的重中之重。

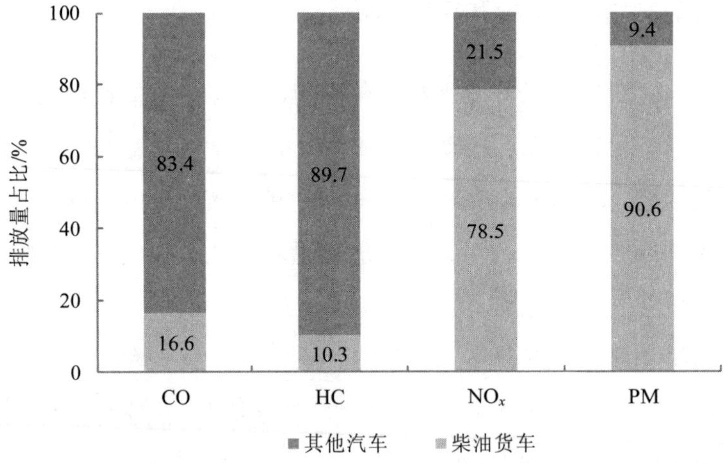

图 1-6　不同燃料类型的汽车排放量占比（2020 年）

（2）重型车排放污染物对环境和人体健康的影响

相比汽油车，柴油车的动力大，燃油经济性好，比较耐用，是客货运输中的首选车型。但随着对汽油车排放控制效果的显现，我国柴油车排放污染问题日益突出，其排放的黑烟常常给道路边的行人造成困扰，对城市和区域的大气灰霾、光化学烟雾等污染都有着重要影响，这些污染危害人体的呼吸系统，也会引发心血管疾病，是公众长期关注的对象。

有研究表明，在机动车中，柴油车单车排放的 PM 是汽油车排放的几十倍，同时我国柴油车排放控制水平落后，对城市大气颗粒物分担率高，在机动车排放污染中，80%以上的 $PM_{2.5}$ 来自重型柴油车。重型车排放的 $PM_{2.5}$ 含有大量的有毒、有害物质且在大气中的停留时间长、输送距离远，因而对人体健康和大气环境质量影响更大。重型车排放的 NO_x 以 NO、NO_2 为主，与空气中的水结合最终会转化成硝酸和硝酸盐，这是酸雨的成因之一；它与其他污染物在一定条件下能产生光化学烟雾污染。近年来，北京等地曾发生了明显的光化学烟雾现象；珠三角地区由于具备发生光化学烟雾的地理、气象条件，也有发生光化学烟雾的风险。

1.2.3　污染物排放控制及监管的新需求

（1）继续加大污染物排放控制

目前，我国大气污染的形势非常严峻，随着机动车保有量的快速增长，机动车成为很多城市的主要污染物来源。为了减少机动车的污染物排放总量，需从削减单车污染物排放量入手，因此需要制定更加严格的排放标准。

（2）车载诊断系统（OBD）方面

国四、国五阶段的 OBD 技术要求相对宽松，没有监测频率要求，没有尿素溶液质量及消耗的监测等，不能满足今后监督管理的需要。随着 OBD 技术的发展和日益成熟，原标准的规定可进一步细化，使其在监控发动机实际排放时更好地发挥作用。

（3）高原排放方面

我国高原十分广阔，对于柴油车来说，随着海拔升高，大气压力下降，发动机燃烧过程中的氧气供应会减少，这将直接导致内燃机的燃烧恶化，其动力性、经济性和排放性能明显下降。国四、国五标准中，重型发动机试验时的海拔不超过 1 000 m（或相当于大气压 90 kPa），因此，通过核准的车辆若实际中在高原地区使用时，排放将得不到保证。

（4）生产一致性检查判定方法

原标准规定，生产一致性检查时，在进行完 3 台发动机的检查后，为了判定该机型的生产一致性是否达标，需要增加抽样发动机进行测试，最多时需要进行 32 台发动机测试，才能最终判定该机型达标与否。我国现阶段的监管能力有限，这就使得上述方法执行起来非常困难。实际上，在主管部门进行的一致性抽查中，也采用了一种简化的方法来进行判定。因此，提供一种简化的生产一致性判定方法是十分必要的。

（5）新生产整车的排放监督检查

原标准规定的排放要求，只是针对发动机进行的台架试验，而发动机装配到整车上后，其排放是否能够达标，目前还没有相应的测量方法可以进行检验。因此，在新车出厂时，没有有效的手段进行整车的污染物排放检查。若整车出厂时的排放不能满足要求，将会对环境造成非常严重的影响，标准的实施效果也会大打折扣。同时，整车出厂时排放不达标的责任，将在后续进行的在用车排放年检中，全部由用户承担，而厂家不承担任何责任，这是非常不合理的，且对重型车污染物减排政策推行非常不利。

1.3　重型车国六标准的主要改进

标准制定主要沿用欧洲标准体系，参考欧Ⅵ排放法规，协调全球统一的重型车排放测试法规，并融合美国 2010 年重型车排放法规中的先进经验及相关技术内容，基于国际上最先进的排放控制技术，结合我国标准实施经验和环境管理需求，开展标准制定工作。标准制定的总体思路如下：

——落实新《大气污染防治法》要求，依法取消行政审批相关内容，从“型式核准”

改为“型式检验”和“信息公开”；

——控制目标：单车 NO_x 和 PM 削减 60%以上；

——加强整车污染物排放控制；

——加强实际使用中的污染物排放控制；

——促进行业技术进步和升级；

——研究提出符合国情、操作易行的技术指标及管理规定。

1.3.1 依法取消行政审批相关内容

按照新《大气污染防治法》要求，取消型式核准相关要求，将相关技术内容纳入型式检验部分。将原标准中涉及主管部门审核的内容全部取消，由生产企业按照标准技术内容进行检验，并将技术资料按照《大气污染防治法》的要求进行信息公开。

1.3.2 大幅加严污染物排放限值

与国五标准相比，国六的 NO_x 限值加严 77%，PM 限值加严 67%，新增颗粒物个数（PN）限值和氨（NH_3）排放限值。国六限值是基于目前最先进且已经成熟的排放控制技术所能达到的减排效果而提出，与欧Ⅵ（C 阶段）（2016 年年底实施）限值完全相同。新增的 PN 排放限值，将使国六阶段车辆必须采用颗粒物捕集器（DPF）技术。增加 NH_3 限值将有效防止选择性催化还原装置（SCR）的氨泄漏。

1.3.3 采用全新的发动机标准测试循环

标准采用了全新的测试循环，即全球统一重型发动机瞬态测试循环（WHTC）和稳态测试循环（WHSC）。与国五采用的瞬态测试循环（ETC）和稳态测试循环（ESC）相比，增加了低速低负荷的占比，同时增加了常温冷启动排放测试要求，更加注重考核车辆在低速、低负荷以及低温（常温冷启动）工况下的排放状况，利于考核催化器的低温性能。

1.3.4 增加发动机非标准循环排放控制要求

国五标准以前的标准仅考核发动机在认证工况（标准循环工况）下的排放，对于标准工况以外的排放状况不进行考核。国内外相关研究发现，一些企业抓住标准漏洞，故意通过技术手段使车辆在认证工况以外行驶时排放控制装置不发挥作用。为了防止此类恶意作弊现象，重型车国六标准参考欧Ⅵ法规增加了发动机非标准循环排放控制要求，即随机选取控制区内 15 个工况点进行排放测试，有效防止车辆只在标准测量循环下排放达标。

1.3.5　新增整车实际道路测试方法（车载法，PEMS）

车载法排放测试是将 PEMS 安装到车辆上，在车辆实际行驶过程中，对车辆污染物排放进行测量的方法。利用 PEMS 进行整车实际道路行驶测量，是重型车国六标准测量方法的一个重大改进。长期以来，重型车一直以发动机试验考核排放达标情况，缺乏对整车排放的检验方法，大大增加了执法难度。重型车国六标准增加了 PEMS 试验，直接明确了整车企业责任，为整车监督检查提供方法，填补了整车监督执法的测量方法的空白。

1.3.6　进一步强化耐久性要求

耐久性指发动机排放应在有效寿命（行驶里程或使用时间）内满足标准排放限值的要求。不同车型的耐久性里程也有所差别，国六阶段，相应车型的排放耐久性、里程要求均有增加，基本能涵盖车辆的整个使用寿命，见表 1-1。

表 1-1　耐久性有效寿命要求

车辆分类	国五		国六	
	里程/km	时间/a	里程/km	时间/a
M1、M2、N1	100 000	5	200 000	5
M3（车重≤7.5 t） N2、N3（车重≤18 t）	200 000	6	300 000	6
M3（车重>7.5 t） N3（车重>18 t）	500 000	7	700 000	7

注：耐久性里程和时间以先到为准。

同时，标准强化生产一致性、在用符合性等事后监管要求，因此，标准不强制要求必须进行耐久性试验，可直接选择标准指定的劣化系数，大大降低了企业型式检验成本。

1.3.7　更加严格的 OBD 要求和 NO_x 控制系统要求

（1）OBD 要求

OBD 系统是对车辆发动机排放性能进行监测，在故障发生时能进行诊断和记录，并通过报警灯提示驾驶员的车载故障监测诊断系统。重型车国六标准参考欧Ⅵ法规，提出了更加严格的 OBD 技术要求，加严 OBD 限值，NO_x和 PM 的 OBD 限值相比国五阶段分别加严 66%和 75%；OBD 限值监控项目由国五的 5 项增加到国六的 20 项；增加在用监测频率规定，使 OBD 功能能够在车辆的实际使用中切实发挥作用。

同时，根据我国标准实施中发现的问题，并参考美国法规要求，重型车国六标准还增加了一些欧Ⅵ法规没有的技术规定，例如，增加不能人为清除的永久故障码，确保主管部门监管中能够有效发现故障车辆；增加了排放超 OBD 限值应对车辆驾驶性能进行限制的规定，确保排放超标车辆能够及时得到维修；增加了在整车上进行 OBD 功能检查的方法，确保主管部门能有效监管整车 OBD 的功能。

（2）NO_x 监控系统要求

NO_x 监控系统是用于监控 NO_x 监控系统（SCR）是否正常工作的监测诊断系统，如监控车辆是否添加了合格的尿素、尿素消耗率是否正常、尿素余量是否充足等。重型车国六标准提出的 NO_x 监控系统要求相比国五更为严格，包括更严格的尿素质量监控要求，对每个监控项目都规定单独的监控参数指标等。NO_x 监控系统要求能够有效监督用户的车用尿素使用情况，确保车辆实际使用时，SCR 能够正常发挥作用。

1.3.8 增加高海拔排放要求

海拔升高将直接导致发动机燃烧恶化，致使其动力性、经济性和排放控制性能明显下降。重型车国六标准要求车辆在高海拔地区进行实际道路车载法测试时，排放仍然达标；并根据我国的实际情况，将海拔要求从欧Ⅵ要求的 1 700 m 提高至 2 400 m，2 400 m 的海拔基本覆盖了我国人口密度较大、机动车保有量较多的城市（如昆明市、西宁市等）。

1.3.9 增加防止含钒化合物泄漏的要求

国五阶段，因为成本低廉等因素，带有钒基催化剂的 SCR 在我国有广泛的应用。已有研究表明，钒基 SCR 在温度高于 550℃的情况下，会有含钒化合物排出。钒及其化合物可经呼吸道吸入，对人体健康产生危害，对于含钒化合物，应严格禁止其排放。

因此，重型车国六标准参照美国法规做出规定，“装有钒基 SCR 催化器的车辆，在全寿命期内，不得向大气中泄漏含钒化合物”；同时，OBD 系统应对 SCR 工作温度进行监测，当监测到 SCR 温度超过 550℃时，OBD 系统将会报警。

1.3.10 排放油耗联合管控要求

笔者在以往标准实施过程中发现，存在车辆电子控制单元采用不同版本进行不同试验，例如，采用“排放版本”通过排放测试，而采用“油耗版本”通过油耗测试的情况。采用油耗版本标定的车辆，油耗较低，而排放往往较高，不能满足排放标准的要求。因此，国六标准规定了“排放油耗联合管控”的相关要求。在对车辆进行整车油耗的测量时，应同时按国六标准规定进行污染物排放测量，排放的气态污染物及 PM 应满足国六标准要求，并将试验结果进行信息公开。该规定的提出，可有效解决排放油耗“两张皮”的问题，促使车辆同时满足排放和油耗两项要求。

1.3.11 增加远程排放管理车载终端技术要求

远程排放监管是车辆通过车载终端和互联网进行通信，向监管平台实时发送车辆电控单元和 OBD 所监控到的与排放相关的数据，对车辆排放性能进行远程监管。目前，车载互联网技术正处于飞速发展阶段，“远程监管”将能对车辆使用的安全性和排放状况等进行有效监管，在后期的环保管理中将省去大量人力和物力。国六标准中规定统一的车载终端相关技术要求，对今后主管部门的远程排放监管工作的开展非常必要。

1.3.12 新生产车监督检查和在用符合性检查

在国五标准之前，由于整车排放测试方法的缺失，针对整车的达标监管一直无法开展。重型车国六标准新增了整车实际道路车载法排放测试，因此，国六标准中增强了整车达标监管要求。

（1）新生产车达标监督检查

重型车国六标准在发动机生产一致性检查的基础上，增加了新生产整车的检查要求，对新生产车批量产品的污染物排放达标情况进行监管。检查方法采用 PEMS 试验。新生产车达标监督检查强调了整车生产企业的环保责任，包括生产企业自查和主管部门的抽查。

（2）在用符合性检查

在用符合性主要为了控制车辆在实际使用过程中的污染物排放状况，确保车辆在排放耐久性有效寿命期内排放达标（生产企业责任）。国五标准之前，在用符合性检查是需要将发动机从整车上拆下后，再进行发动机台架排放测试，不具有可操作性。重型车国六标准的在用符合性检查，将直接采用车载法对整车进行实际道路行驶时的污染物排放测试，极大地增强了可操作性。标准要求整车和发动机生产企业对所生产的车辆进行经常性的监测，并将测量结果信息公开；主管部门也可以进行抽查。

1.3.13 增加排放质保期的规定

参照美国相关法规，重型车国六标准增加了排放相关零部件质保期要求，确保排放相关零部件的质量及功能。重型车国六标准规定在质保期内出现非人为制造的故障或损坏，企业应当承担相关维修费用，排放质保期见表 1-2。解决了目前存在的生产企业对售出车辆的排放控制相关零部件不承担责任，一旦出现故障或损坏均需用户埋单的问题。

表 1-2 排放质保期

汽车分类	行驶里程/km	使用时间/a
M_1、M_2、N_1	80 000	5
M_3、N_2、N_3	160 000	5

注：最短质保期中的行驶里程和实际使用时间，两者以先到为准。

1.4 重型车国六标准编制的效益分析

1.4.1 成本分析

应对重型车国六标准，将主要采用 SCR 和 DPF，以及可能采用的氧化催化装置（DOC）和废气再循环技术（EGR）等，这些技术已在国内很多发动机机型和车型上投入应用。在应用上述先进排放控制技术的同时，会带来一定的成本增加。

初步估算，在实施标准初期，从国五标准升级到国六标准，每台发动机及排放控制系统的成本增加了 2 万～3 万元，占整车成本的 6%～10%（轻卡为 15%～30%）；随着各项控制技术的产业化逐步扩大，成本将进一步降低。据评估，到 2030 年，全行业总技术升级成本大约为 183.9 亿元。

1.4.2 环境效益

重型车国六标准实施后，将获得显著的环境效益。重型车单车污染物排放将比国五阶段大幅削减，其中，NO_x 削减 77%，PM 削减 67%，NMHC 削减 71%，详见表 1-3。

表 1-3 国六标准比国五标准工况限值加严幅度

污染物项目	NO_x	PM	NMHC	CH_4
限值加严幅度/%	77	67	71	55

从全国重型柴油车污染物排放总量来看，通过计算，在不实施国六标准的基础情景下，NO_x 的排放量基本上是逐年上升的，PM 排放在小幅下降后也将升高（图 1-7）。

如果按照标准规定的实施时间实施重型车国六标准（即 2020 年实施国六 a 阶段，2023 年实施国六 b 阶段，并假设 2019 年京津冀地区提前实施国六 b 阶段），到 2030 年，与不实施重型车国六标准的基础情景相比，全年的 NO_x 将减排 436 万 t，PM 将减排 15.4 万 t。

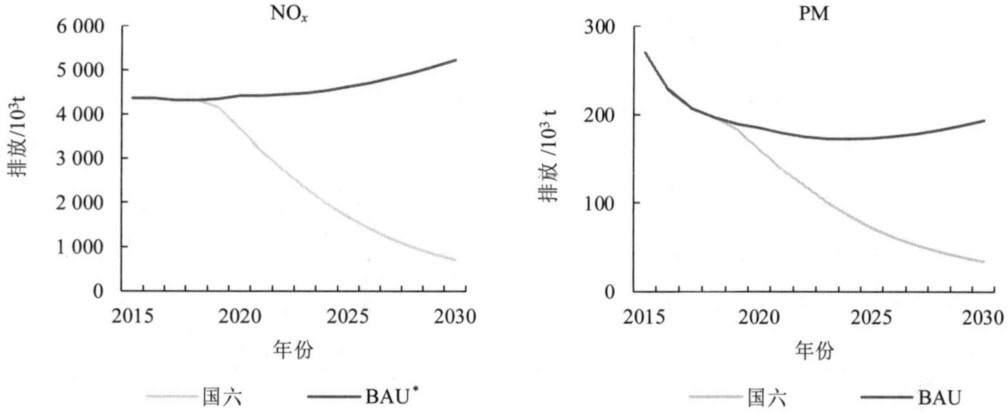

图 1-7 实施重型车国六标准的环境效益

注：*BAU 为基准情景。

1.4.3 人体健康效益

按照上述假设，即 2020 年实施国六 a 阶段，2023 年实施国六 b 阶段，并假设 2019 年京津冀地区提前实施国六 b 阶段，实施重型车国六标准的环境效益和空气质量提升，将带来明显的人体健康收益，到 2030 年，相比不实施重型车国六标准，过早死亡人数将减少 28 831 人。

1.4.4 成本效益

到 2030 年，实施重型车国六标准将带来 3 733 亿元人民币的健康收益，相比 183.9 亿元的技术升级成本，获得的净收益为 3 549.1 亿元，收益成本比为 19∶1。

第 2 章　信息公开

王明达　王鲁昕

2.1　总体要求

机动车应该按照《大气污染防治法》和《关于开展机动车和非道路移动机械环保信息公开工作的公告》（国环规大气〔2016〕3 号）的规定，进行排放检验并将检验结果向社会公开。机动车的型式检验必须在依法通过资质认定（计量认证），并与生态环境部机动车排污监控中心联网的检测机构进行。检验机构应符合《关于进一步规范排放检验加强机动车环境监督管理工作的通知》（国环规大气〔2016〕2 号）及《关于加快推进新生产机动车和非道路移动机械排放检验机构联网工作的通知》（环办大气函〔2016〕2386 号）的相关要求。

2.2　适用对象及变更要求

开户：具有独立法人资格的机动车生产企业、进口企业作为信息公开主体，在机动车环保信息公开平台注册账户，代理申报企业及个人没有开户权限。具体开户资料、开户流程及表格可在机动车环保网信息公开栏目中下载。

变更：由于企业管理和运营导致信息发生变化，且相关产品的环保关键配置、技术参数和性能都未发生变化的应及时进行变更。例如法人变更等。

更正：已信息公开车型信息发现错误，需申请进行更正。

撤销：已信息公开车型但该配置没有生产、销售过，今后也不会生产、销售此配置的车型可以申请撤销。

2.3　型式检验材料

（1）企业应在型式检验前在机动车环保信息公开平台完成技术参数及技术文件备案，检测机构下载附录信息后方可开始进行型式检验。

（2）发动机控制策略文档。每个发动机系族均应提交发动机控制策略文档，发动机控制策略文档应满足 GB 17691—2018 要求，并至少包含 GB 17691—2018 附录 A 规定的内容。

（3）OBD 文档。每个 OBD 系族均应提交 OBD 文档，OBD 文档应满足 GB 17691—2018 要求。

（4）NO_x 控制文档。每个 OBD 系族均应提交 NO_x 控制文档，NO_x 控制文档应满足 GB 17691—2018 要求。

（5）型式检验报告。型式检验报告包括发动机排气污染物报告、发动机 OBD 及 NO_x 控制系统报告、发动机 PEMS 试验报告、发动机耐久性报告（若进行耐久性实测）、整车 PEMS 试验报告、整车燃料消耗量及排气污染物报告、加速行驶车外噪声报告等。各型式检验报告模板可以从信息公开系统下载。

2.4　下线检验

2019 年 11 月 1 日之前，机动车出厂或进口前，应按照《点燃式发动机汽车排气污染物排放限值及测量方法（双怠速法及简易工况法）》（GB 18285—2005）和《车用压燃式发动机和压燃式发动机汽车排气烟度排放限值及测量方法》（GB 3847—2005）规定进行下线检验。2019 年 11 月 1 日之后，机动车出厂或入境前，应按照 GB 18285—2018 和《柴油车污染物排放限值及测量方法（自由加速法及加载减速法）》（GB 3847—2018）规定进行下线检验。国产汽车下线检验应在生产企业出厂前完成，进口汽车下线检验应在货物入境前完成。

2.5　机动车环保信息公开随车清单

机动车环保信息公开随车清单可从信息公开系统下载，随车清单样式及技术要求见本书附录 A。

2.6 CAL ID 和 CVN 备案

车辆（发动机）量产后，需要按照《重型柴油车污染物排放限值及测量方法（中国第六阶段）》（GB 17691—2018）的要求对排放或 OBD 产生影响的所有关键诊断或排放电子动力控制单元的软件标定识别码（CAL ID）和软件标定验证码（CVN）进行计算汇总，并在机动车和非道路移动机械环保信息公开系统中进行上报。首次提交时应包括型式检验期间车辆（发动机）CAL ID 和 CVN 数据。

车辆（发动机）生产企业生成 CAL ID 和 CVN 报告的计算方法应符合法规标准要求。

生产企业应按照规定将车辆（发动机）CAL ID 和 CVN 报告上传到机动车和非道路移动机械环保信息公开系统，监管部门可在车辆年检等核查环节对数据库中的 CAL ID 和 CVN 同车辆上读取的 CAL ID 和 CVN 进行比对。

当生产企业对控制软件进行更新时，新软件应该创建一个全新的 CAL ID 和 CVN 数据。对于不影响排放和 OBD 的更新，企业应提交自我声明。对于影响排放和 OBD 的应提交相关材料，证明更新后的排放和 OBD 仍符合 GB 17691—2018 要求。随着软件的不断更新，某车型的每个控制单元（Module ID）所生成的 CAL ID 和 CVN 数据也会不断增加。企业应及时提交车型（发动机型号）更新的 CAL ID 和 CVN 数据。机动车和非道路移动机械环保信息公开系统会记录保留所有的 CAL ID 和 CVN 记录。

CAL ID 与 CVN 备案模板及填写说明可从机动车和非道路移动机械环保信息公开系统下载。

第 3 章　型式检验要求

纪 亮　王运静

3.1　一般要求

GB 17691—2018 适用于装用压燃式发动机以及装用以天然气（NG）或液化石油气（LPG）作为燃料的点燃式发动机汽车及其发动机。装用压燃式、气体燃料点燃式发动机的 M2、M3、N1、N2 和 N3 类及总质量大于 3 500 kg 的 M1 类汽车及其发动机可按 GB 17691—2018 进行型式检验、生产一致性检查、新生产车排放监督检查和在用车符合性检查。

发动机机型或系族可作为独立技术总成进行型式检验。

对装有未经型式检验发动机的汽车，应对发动机进行型式检验；对装有已经型式检验发动机的汽车，无须进行额外的发动机型式检验。

发动机型式检验时，应选择一台能够代表发动机机型或系族的源机。如果所选择的发动机不能完全代表发动机系族，则应增选一台有代表性的发动机进行试验。

整车型式检验时，应选择一辆能够代表型式检验车型（系族）的汽车。如果所选择的汽车不能完全代表车型系族，则应增选一辆有代表性的汽车进行试验。

源机（或基准车型）代表了系族中所有机型（车型）的排放水平，对源机（或基准车型）进行的型式检验，可扩展到系族中的所有成员，系族中的其他成员无须进行试验。

车辆（发动机）应已完成技术参数及文件备案且在检测机构端可正常下载，并且在确保车辆（发动机）参数与环保备案参数一致之后方可开始试验。检测机构应进行样车（机）参数核对，查验样车（机）的过程以及排放试验要在视频联网监控下进行。

检验机构应将型式检验时发动机和车辆上安装的发动机电子控制单元（ECU）封存备查，发动机或车辆停产 5 年后，可不再保留。国务院生态环境主管部门可以进行确认检查。

在进行所有型式检验项目期间，除 OBD 及 NO_x 控制系统验证试验中允许的软件修改项目及发动机源机排放试验外，试验发动机或车辆的 CAL ID 和 CVN 数据应保持一致，耐久试验期间试验发动机的 CAL ID 和 CVN 数据应保持一致。每次试验前检测机构都应采用 OBD 通用诊断工具读取文件输出存储记录并进行核对。

3.2 型式检验项目

汽车（发动机）生产、进口企业应按 GB 17691—2018 进行型式检验。一种机型的型式检验内容包括排气污染物、曲轴箱污染物、污染控制装置耐久性（如果生产企业选择使用 GB 17691—2018 推荐的劣化系数或修正值，可不进行此项试验）和 OBD 及 NO_x 控制系统验证、整车 PEMS 试验等方面。

所有进行型式检验的车型除发动机检验之外，均需进行 PEMS 试验。当车辆按照《重型商用车辆燃料消耗量限值》（GB 30510—2018）进行整车油耗的测量时，应同时进行污染物排放测试。

（1）发动机型式检验试验项目（表 3-1）。

表 3-1 发动机型式检验试验项目

<table>
<tr><th colspan="3">试验项目</th><th>柴油机</th><th>单一气体燃料机</th><th>双燃料发动机①</th></tr>
<tr><td rowspan="6">标准循环</td><td rowspan="3">WHSC</td><td>气态污染物</td><td rowspan="3">进行</td><td rowspan="3">—</td><td rowspan="3">进行</td></tr>
<tr><td>PM
PN</td></tr>
<tr><td>CO_2 和油耗</td></tr>
<tr><td rowspan="3">WHTC</td><td>气态污染物</td><td rowspan="3">进行</td><td rowspan="3">进行</td><td rowspan="3">进行</td></tr>
<tr><td>PM
PN</td></tr>
<tr><td>CO_2 和油耗</td></tr>
<tr><td rowspan="3">非标准循环</td><td rowspan="2">WNTE</td><td>气态污染物</td><td rowspan="2">进行</td><td rowspan="2">—</td><td rowspan="2">进行</td></tr>
<tr><td>PM</td></tr>
<tr><td colspan="2">PEMS 试验②</td><td>进行</td><td>进行</td><td>进行</td></tr>
<tr><td colspan="3">曲轴箱通风</td><td>进行</td><td>进行</td><td>进行</td></tr>
<tr><td colspan="3">耐久性</td><td>进行</td><td>进行</td><td>进行</td></tr>
<tr><td colspan="3">OBD</td><td>进行</td><td>进行</td><td>进行</td></tr>
<tr><td colspan="3">NO_x 控制</td><td>进行</td><td>—</td><td>进行</td></tr>
</table>

注：①按 GB 17691—2018 附录 N 的要求进行型式检验；
②发动机的 PEMS 试验，可以是 GB 17691—2018 第 6.2.2 条规定的该发动机所安装车型的 PEMS 试验之一。

（2）发动机生产企业可以选择 GB 17691—2018 规定的指定的相乘劣化系数，替代进行耐久性试验。选择指定劣化系数的，可在信息公开后一年内补报耐久性，采用实测劣化系数替换指定劣化系数。

（3）生产企业应最大限度地降低发动机源机（后处理装置前端）的 NO_x 排放，并将源机排放情况（数据）及测试方法向生态环境主管部门报告。

（4）采用钒基 SCR 系统的发动机，还应完成钒基 SCR 试验，并提交钒基 SCR 相关文档说明和测试报告。

（5）重型车型式检验试验项目（表 3-2）。

表 3-2　重型车型式检验试验项目

试验项目	重型柴油车	重型燃气车	重型双燃料车
PEMS 试验	进行	进行	进行
油耗排放	进行（如适用）	—	—
噪声	进行	进行	进行

3.3　型式检验材料

3.3.1　发动机控制策略文档

发动机控制策略文档共包括三部分，按以下要求上传至机动车和非道路移动机械环保信息公开系统。

第一部分：正式文档。应以电子文件形式上传至机动车和道路移动机械环保信息公开系统。发动机企业的排放控制策略文档，应满足 GB 17691—2018 规定的要求。正式文档（基本排放策略和辅助排放策略简介）所包含的信息，可参照文档模板进行编辑，应包括但不限于文档模板规定的内容。

第二部分：失效策略合规声明。应以 PDF 格式扫描件的形式上传至机动车和非道路移动机械环保信息公开系统。

第三部分：扩展文档。应由企业按照 GB 17691—2018 附录 A.3.5.3 的要求进行编辑，包括但不限于第三部分扩展文档说明规定的内容。扩展文档应在车辆量产前准备完成，可上传至机动车和非道路移动机械环保信息公开系统，也可企业自行留存，但应随时接受生态环境主管部门的检查。

3.3.1.1 第一部分 正式文档模板

（1）发动机信息

发动机的简单描述见表 3-3。

表 3-3 发动机概述

项目	内容
发动机	填写源机型号
动力系统	填写排量、功率、气缸布置形式、缸数，描述燃油喷射系统、进气系统等 示例：×× L，×× kW；直列××缸，共轨直喷压燃发动机，进气增压，增压中冷，高压 EGR 带冷却（无旁通阀）
后处理系统	填写后处理系统组成 示例：碳氢喷射系统（HCI）+DOC+DPF+SCR+ASC
燃油系统	填写燃油系统信息
其他	填写其他需要说明的信息

（2）发动机设计方案

①发动机结构

发动机结构如图 3-1 所示。

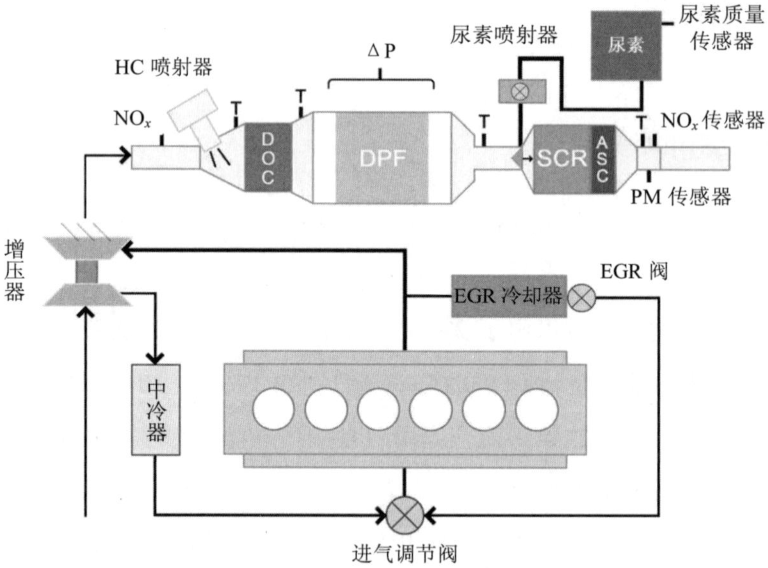

图 3-1 发动机结构

示例：为满足排放标准限值要求，××发动机及其系族使用支持多次喷射的可变压力高压共轨燃油系统，高缸内爆发压力设计，开式/闭式曲轴箱系统，电控发动机及后处理控制系统，后处理控制系统包括 DOC、DPF、HCI 以及带氨逃逸催化器（ASC）的 SCR。

发动机物理传感器和发动机虚拟传感器见表 3-4、表 3-5。

表 3-4 发动机物理传感器

物理传感器	作用
冷却液温度传感器	测量冷却发动机的冷却介质温度
……	……

表 3-5 发动机虚拟传感器

虚拟传感器	作用
进气流量	计算可用于缸内燃烧的新鲜空气流量
……	……

后处理物理传感器和发动机虚拟传感器见表 3-6、表 3-7。

表 3-6 后处理物理传感器

后处理物理传感器	作用
后处理系统入口 NO_x 传感器	测量后处理系统入口的 NO_x 浓度
……	……

表 3-7 后处理虚拟传感器

后处理虚拟传感器	作用
后处理系统入口 NO_x 传感器	测量后处理系统入口的 NO_x 浓度
……	……

尿素喷射系统的描述。

②基本排放控制方法

从发动机角度说明排放控制方法。从后处理角度说明排放控制方法。

③电控系统概述

电控系统的标定如何调整发动机参数，调整的发动机具体参数。针对环境的变化（海拔、温度）如何调整标定的模型，针对不同的工况（再生、热管理、保护）如何调整标定的模型。

（3）辅助排放控制策略（AES）

针对每个 AES 进行描述。

在应控制的环境范围外要尽可能控制排放，所以在低温（低于–7℃），高温（大于 38℃）和高海拔（2 500 m 以上）条件下，不能因为采用某些 AES 而使 SCR 系统的反应剂喷射停止。

①辅助排放策略 1

辅助排放策略 1 的必要性（说明 AES 的物理/化学机理，不使用 AES 的影响）。

辅助排放策略 1 的工作原理（说明激活 AES 所需要监控的参数，AES 需要控制的参数）。

辅助排放策略 1 的环境影响（说明在排放测试循环是否启动，对排放污染物的影响，激活的频率和作用的时间）。

辅助排放策略 1 与其他辅助排放策略的相互影响。

②辅助排放策略 2

辅助排放策略 2 的必要性（说明 AES 的物理/化学机理，不使用 AES 的影响）。

辅助排放策略 2 的工作原理（说明激活 AES 所需要监控的参数，AES 需要控制的参数）。

辅助排放策略 2 的环境影响（说明在排放测试循环是否启动，对排放污染物的影响，激活的频率和作用的时间）。

辅助排放策略 2 与其他辅助排放策略的相互影响。

3.3.1.2 第二部分 失效策略合规声明

发动机（整车）生产企业应声明发动机（整车）满足 GB 17691—2018 规定的不包含任何失效策略的要求。

失效策略合规声明应加盖单位公章后，扫描成 PDF 文档在机动车和非道路移动机械环保信息公开系统中上传。

3.3.1.3 第三部分 扩展文档的说明

扩展文档应由企业按照 GB 17691—2018 的要求进行编辑，针对所有 AES，包括但不限于以下内容。

（1）发动机及其 AES 的描述

对发动机及其所有 AES 进行描述，包括 AES 所采用的方法（软件或硬件）的描述，以及在型式试验过程中何种条件下不触发 AES 及其采用的方法的描述。

（2）软件标定识别号和标定验证码

对控制 AES/基础排放策略（BES）的软件版本进行说明，包括 CAL ID 和对应的 CVN 数据。如果涉及 AES/BES 的变更导致软件标定识别号更新时，在机动车和非道路移动机械环保信息公开系统中备案后，扩展文档应被更新，并保存更新记录。

（3）采用 AES 的详细技术原因及危险评估

应对采用 AES 的技术原因和危险评估进行说明，主要包含以下内容：

①AES 所保护的硬件；

②如无 AES，在正常的维护情况下发动机是否会发生不可挽回的破坏；

③发动机启动时需要启用 AES 的合理解释。

（4）各种模式转换期间燃油系统控制逻辑，正时逻辑的描述

应对各个 AES 之间转换，及 AES 与 BES 转换期间，燃油系统控制逻辑、正时逻辑进行描述。

（5）不同 AES 之间层次关系的描述

应对各不同 AES 之间的层次关系进行描述，即当多个 AES 同时发生时，哪一个 AES 是主导的，策略之间相互作用的方法，包括数据流程图，决策逻辑及所有 AES 之间的层级关系如何影响来控制使排放效果最好。

（6）测量/计算的详细参数

给出由 AES 测量/计算的参数表，同时给出每个测量/计算的参数的目的，每个参数与发动机的损伤之间的关系。如由计算产生的参数，应包括计算的方法及计算产生的结果和实际的结果之间的误差，以及这些误差对发动机安全造成的影响。

（7）可调节的发动机和排放控制参数的列表

给出可调节的发动机和排放控制参数的列表，包括参数可调节的范围以及这些参数之间的关系。

（8）AES 如何控制使实际驾驶排放水平降到最低的评估

对 AES 如何控制使实际驾驶排放水平降到最低进行评估。包括对比 BES，采用 AES 造成的对排放污染物和 CO_2 排放增加的详细分析。

3.3.2 OBD 文档

OBD 文件共包括六部分，按以下要求上传至机动车和非道路移动机械环保信息公开系统。

第一部分：正式文档。应以电子文件形式上传至机动车和非道路移动机械环保信息

公开系统。发动机企业编辑的 OBD 正式文档，应满足 GB 17691—2018 规定的要求，可参照本模板进行编辑，应包括但不限于第一部分正式文档模板规定的内容。

第二部分：OBD 故障码清单，应以 Excel 表格的形式导入机动车和非道路移动机械环保信息公开系统。

第三部分：试验项故障码清单，应以 Excel 表格的形式导入机动车和非道路移动机械环保信息公开系统。

第四部分：试验项演示试验方法，应以电子文件形式作为正式文档的一部分上传至机动车和非道路移动机械环保信息公开系统。

第五部分：OBD 在用符合性声明，应以 PDF 格式扫描件的形式上传至机动车和非道路移动机械环保信息公开系统。

第六部分：扩展文档，应由企业按照 GB 17691—2018 附录 F.8 的要求进行编辑，可上传至机动车和非道路移动机械环保信息公开系统，也可企业自行留存，但应随时接受生态环境主管部门的检查。

3.3.2.1 第一部分 正式文档模板

（1）发动机信息

发动机信息见表 3-8。

表 3-8 发动机信息

项目	内容
发动机	填写源机型号
动力系统	填写排量、功率、气缸布置形式、缸数，描述燃油喷射系统、进气系统等 示例：×× L，×× kW；直列××缸，共轨直喷压燃发动机，进气增压，增压中冷，高压 EGR 带冷却（无旁通阀）
后处理系统	填写后处理系统组成 示例：HCI+DOC+DPF+SCR+ASC
被监测的系统	填写发动机被监测的系统组成 示例：燃油系统、EGR 系统、增压压力控制系统、DOC、DPF、SCR、一般部件
其他	填写其他需要说明的信息

（2）故障指示器

①书面描述及示意图

对故障指示器进行书面描述，包括故障指示器采用的标准，以及指示器的颜色等，并给出故障指示器形状示意图（图 3-2）。

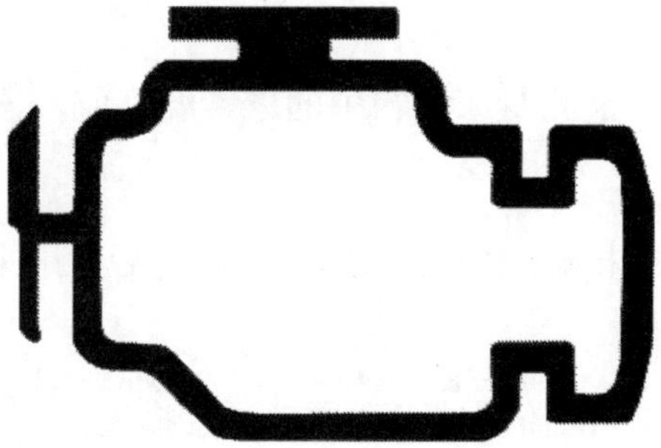

图 3-2　故障指示器示意图

示例：要求故障指示器 MI 信号是在任何光照条件下都能察觉到的可视信号。故障指示器应采用 ISO 7000：2004 规定的 0640 符号定义的黄色或琥珀色警报信号。

②激活及熄灭规则

对故障指示器的激活和熄灭规则进行描述。包括各个激活模式下的激活条件、激活策略、熄灭策略等，应同时采用图文的形式进行描述。

（3）诊断系统工作原理简介

简要介绍诊断系统的工作原理，包括故障诊断、故障恢复、计时器功能、故障存储和消除策略等。

（4）OBD 概述

对车载诊断系统的各子系统及其中的部件和功能进行简单描述。

示例：

①一般部件

环境温度传感器：环境温度传感器安装在整车前面板进气栅条处，避免阳光直射，用来测量实际环境温度。

车速传感器：车速传感器用来测量车辆实际行驶车速，该值用来计算车辆行驶挡位、巡航，以及车辆安全和保护。该传感器安装在车辆底盘上。

②空气系统

进气节流阀：通过调节阀开度来控制进气量的机械装置。

排气节流阀：通过调节阀开度来控制排气量的机械装置。

③供油系统

电磁阀喷油器：用来将设定的燃油量喷入燃烧室，安装于燃烧室上部中央。

④EGR 系统

EGR 阀：用来控制 EGR 的废气循环质量，安装在 EGR 冷却系统之前。

⑤后处理系统

尿素箱温度传感器：用来测量尿素箱中的尿素温度值，该值用来控制是否进行尿素解冻，安装在尿素箱中。

DPF：安装在排气管路末端，SCR 之前，DOC 之后，用来过滤碳颗粒。

（5）OBD 监测原理描述

对 OBD 检测系统或部件的监测技术和原理进行描述，包括该系统或部件诊断的监测项目，每个监测项目的监测策略、故障判定规则、诊断逻辑图等。所列系统或部件应包括但不限于 GB 17691—2018 附件 FC 所要求的项目。

根据 GB 17691—2018 附录 F.4.2.1.1 规定，如果生产企业可以证明严重功能性故障、移除部件或系统的故障不会导致排放超过 OBD 限值，则对该部件或系统进行功能监测是允许的。若生产企业将限值监测、严重功能性故障监测调整为功能监测，则应在此处给出说明和描述，并在扩展文档中给出详细证明材料和相应参数等。

示例：

DPF 过滤器的监测（FC.2）

OBD 对 DPF 的监测包括 DPF 缺失的严重功能性故障监测、DPF 堵塞的严重功能性故障监测、DPF 性能下降的排放限值监测。

OBD 通过压差传感器检测发动机尾气经过 DPF 两端的压力变化，来确定 DPF 缺失、堵塞及性能，完成对 DPF 的诊断。为了精确监控压力传感器，需要对不带修正的原始压差的信号范围进行检测。

压差传感器的诊断逻辑如图 3-3 所示。

（6）防止损坏和更改排放控制计算机的各项措施

描述电控单元防止篡改的各项措施，包括硬件方面和软件方面；描述一旦被篡改后的诊断措施及补救方法等。

（7）适用的诊断接口、诊断仪通信简述

①诊断接口

描述诊断接口形式、标准、位置等信息。

②通用诊断仪通信

描述通信协议及标准、波特率等信息。

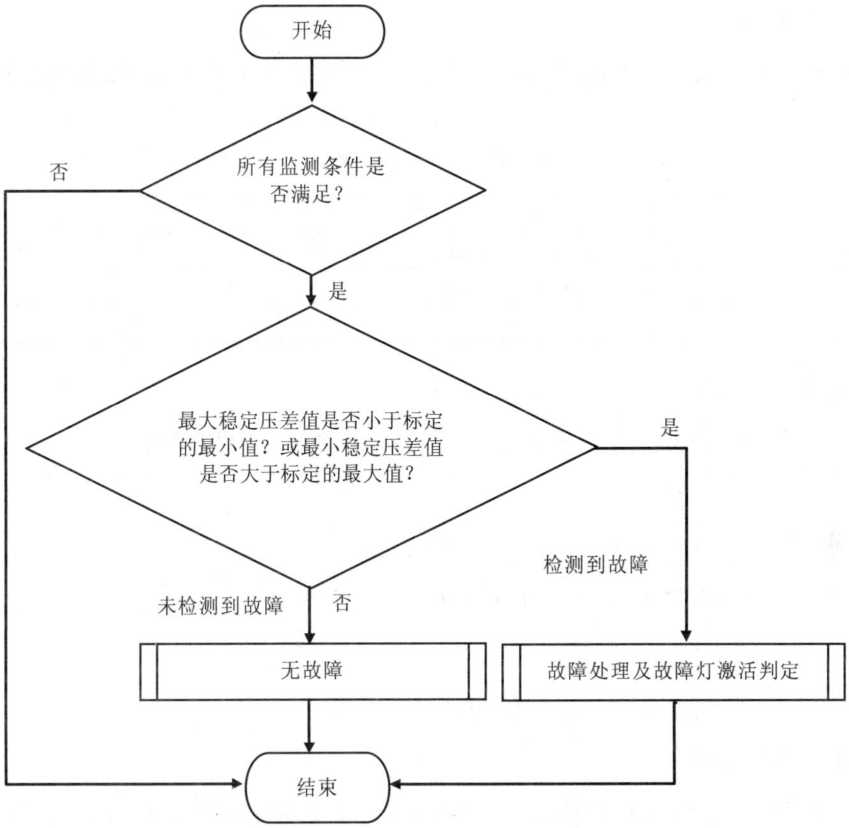

图 3-3　压差传感器的诊断逻辑

③输出的数据信号

描述诊断仪通过哪种协议可获取的信息，包括发动机数据信号、冻结帧数据、故障码（DTC）、就绪状态、OBD 实际监测频率等。

a. 发动机数据信号

对诊断仪通过哪种协议能获取的发动机数据信号进行描述，可通过表 3-9 的形式进行说明。

表 3-9　发动机数据信号 PID（参数 ID，Parameter Identification）

描述	PID
自上次故障码清零后的检测状态	01
发动机计算负荷值	04
发动机冷却液温度	05
……	……

b. 冻结帧数据

对故障冻结帧信息及对应的信息进行描述，可通过表 3-10 的形式进行说明。

表 3-10　冻结帧数据 PID

描述	PID
冻结帧对应的故障码	02
发动机计算负荷值	04
……	……

c. 故障码（DTC）

说明依据哪个标准规范定义故障码，通过哪个协议读取故障码，并对故障码结构进行说明。

d. 就绪状态

对就绪状态如何获取及其含义进行说明。

e. OBD 实际监测频率（IUPR）

对 IUPR 如何获取及其含义进行说明。

④OBD 实际监测频率

作为 OBD 软件运算法则的核心，详细列出对实际频率分别进行监测的部件或系统。

对点火循环计数器和一般分母计数器的累加条件和规则等进行说明。

对分子计数器、分母计数器累加条件和规则进行说明。

对每组监测保存的信息、核函数流程图等进行描述。

（8）OBD 监控中断条件说明

对 OBD 监控中断的条件进行说明。

3.3.2.2　第二部分　故障码清单

以 Excel 表格的形式上传至机动车和非道路移动机械环保信息公开系统，内容项目及填写说明和示例见表 3-11。

3.3.2.3　第三部分　试验项故障码清单

按照重型车国六标准实施细则要求，OBD 试验将采用必做项、首选项、次选项的模式进行，生产企业应按照表 3-12 的规定，填写主故障码等相关信息，并以 Excel 表格的形式上传至机动车和非道路移动机械环保信息公开系统。

对于采用三元催化装置的燃气发动机，应按表 3-13 的规定，填写 OBD 试验的必做项、首选项、次选项的主故障码等相关信息，并以 Excel 表格的形式上传至机动车和非道路移动机械环保信息公开系统。

表 3-11 故障码清单

	部件	故障码		监测策略	故障监测准则	故障指示器（MI）激活准则	二级参数	预处理循环	验证试验	故障类别（A 类/B 类/C 类）	NO_x 控制系统（是/否）	监测类型（限值监测、严重功能性故障监测、功能监测、部件监测）
		P Code 或可疑参数的编号（SPN）	故障类型字节（FTB 如有）或故障模式标志（FMI）									
说明	填写部件名称	—	—	填写该部件监测策略	填写故障判定条件	填写 MI 激活策略	填写监测用辅助参数	填写验证试验所需预循环	填写验证试验测试循环	填写故障类别，B 类故障应具体到 B1 或 B2	填写该故障是否属于 NO_x 控制系统故障	填写该故障的监测类型
示例 1	空气流量计	P010A	22	空气流量计偏差值高于上限值	监测实际进气量与理论计算进气量的比值，偏差过大	第二个驾驶循环点亮 MI	发动机工作状态 EGR 系统工作状态	不需要	OBD 测试循环	B1 类故障	否	部件监测
示例 2	环境温度传感器	171	4	环境温度传感器读值高于规定工作范围	环境温度传感器电压值小于阈值	第二个循环	无	1 个钥匙开关循环	钥匙开关上电	B1 类故障	是	部件监测
……	……	……	……	……	……	……	……	……	……	……	……	……

表 3-12 柴油机试验项故障码清单

必做项（1） 首选项（2） 次选项（3）	是否有该失效模式（是/否）	失效模式	主故障码		故障监测准则	MI 激活准则	故障类别（A 类/B1 类/B2 类/C 类）	监测类型（限值监测、严重功能性故障监测、功能监测、部件监测）	故障诊断触发条件（转速、扭矩、水温、排温、流量等）	预处理循环	验证试验
			P Code 或 SPN	FTB（如有）或 FMI							
1		SCR 转化效率									
1		DPF 过滤效率									
1		DOC 转化效率									
1		EGR 流量低									
1		进气节流阀卡滞、排气背压阀卡滞（两个项目选一项）									
2		EGR 流量高									
2		冷却水温度传感器电路故障									
2		NO_x 上游传感器合理性诊断									
2		NO_x 下游传感器合理性诊断									
2		NO_x 上游传感器电路故障									
2		NO_x 下游传感器电路故障									
2		EGR 冷却器冷却性能不良									
2		EGR 执行器响应慢									
2		移除凸轮轴转速传感器									
2		移除曲轴传感器									
2		燃油喷射量偏差									

必做项（1） 首选项（2） 次选项（3）	是否有该失效模式（是/否）	失效模式	主故障码		故障监测准则	MI 激活准则	故障类别（A 类/B1 类/B2 类/C 类）	监测类型（限值监测、严重功能性故障监测、功能监测、部件监测）	故障诊断触发条件（转速、扭矩、水温、排温、流量等）	预处理循环	验证试验
			P Code 或 SPN	FTB（如有）或 FMI							
2		进气系统进气压力低									
2		冷却系统监测									
2		PM 传感器合理性									
2		SCR 上游温度传感器合理性故障									
2		SCR 上游温度传感器电路故障									
2		增压中冷器系统的效率									
3		SCR 下游温度传感器合理性									
3		SCR 下游温度传感器电路故障									
3		DOC 上游温度传感器电路故障									
3		DPF 上游温度传感器电路故障									
3		DPF 上游温度传感器合理性									
3		DPF 压差传感器合理性									
3		可控增压器电路故障									
3		增压压力传感器电路故障									
3		EGR 阀电路故障									
3		空气流量传感器电路故障									
3		EGR 中冷器下游温度传感器电路故障									
3		增压中冷器下游温度传感器电路故障									
3		DPF 堵塞									

必做项（1）首选项（2）次选项（3）	是否有该失效模式（是/否）	失效模式	主故障码		故障监测准则	MI激活准则	故障类别（A类/B1类/B2类/C类）	监测类型（限值监测、严重功能性故障监测、功能监测、部件监测）	故障诊断触发条件（转速、扭矩、水温、排温、流量等）	预处理循环	验证试验
			P Code或SPN	FTB（如有）或FMI							
3		DPF压差传感器电路故障									
3		尾管HC喷射系统故障									
3		尿素系统建压失败故障									
3		尿素泵电路故障									
3		轨压传感器电路故障									
3		喷油器开路									
3		燃油计量单元电路故障									
3		PM传感器电路									
3		进气压力传感器电路故障									
3		进气压力传感器合理性									
3		进气温度传感器电路故障									
3		进气节流阀位置传感器电路故障									
3		EGR阀位置传感器电路故障									

表 3-13 燃气机试验项故障码清单

必做项（1）首选项（2）次选项（3）	是否有该失效模式（是/否）	失效模式	主故障码		故障监测准则	MI 激活准则	故障类别（A 类/B1 类/B2 类/C 类）	监测类型（限值监测、严重功能性故障监测、功能监测、部件监测）	故障诊断触发条件（转速、扭矩、水温、排温、流量等）	预处理循环	验证试验
			P Code 或 SPN	FTB（如有）或 FMI							
1		三元催化器转化效率低									
1		催化器损坏型失火故障									
1		前氧传感器合理性监控									
1		曲轴箱通风系统 CV 阀与进气歧管管路或进气管路断开									
1		EGR 流量低									
2		EGR 流量高									
2		EGR 阀卡滞									
2		EGR 冷却器效率低									
2		燃料供给系统闭环修正系数高									
2		增压控制系统过增压									
2		增压控制系统增压不足									
2		中冷器冷却效率低									
2		后氧传感器合理性故障									
2		前氧传感器通信故障									

必做项（1）首选项（2）次选项（3）	是否有该失效模式（是/否）	失效模式	主故障码		故障监测准则	MI 激活准则	故障类别（A 类/B1 类/B2 类/C 类）	监测类型（限值监测、严重功能性故障监测、功能监测、部件监测）	故障诊断触发条件（转速、扭矩、水温、排温、流量等）	预处理循环	验证试验
			P Code 或 SPN	FTB（如有）或 FMI							
2		节气门卡滞									
2		环境传感器开路									
2		水温传感器开路									
2		连续流量阀调压故障									
2		连续流量阀流量偏差									
2		喷嘴开路									
2		曲轴信号有干扰或信号丢失									
2		增压压力传感器电路开路									
2		EGR 温度传感器开路									
2		EGR 压差式流量计后压力传感器开路									
2		EGR 阀开路									
3		EGR 阀控制电路开路									
2		点火线圈开路									
2		爆震传感器开路									
2		曲轴箱与 CV 阀管路断开									
3		节气门位置传感器电压高									
3		节气门前进气温度传感器电压信号低于下限									

必做项（1）首选项（2）次选项（3）	是否有该失效模式（是/否）	失效模式	主故障码		故障监测准则	MI 激活准则	故障类别（A 类/B1 类/B2 类/C 类）	监测类型（限值监测、严重功能性故障监测、功能监测、部件监测）	故障诊断触发条件（转速、扭矩、水温、排温、流量等）	预处理循环	验证试验
			P Code 或 SPN	FTB（如有）或 FMI							
3		凸轮轴信号有干扰或信号丢失故障									
3		连续流量阀开路									
3		节气门后压力传感器压力高于上限									
3		节气门前压力传感器压力高于上限									
3		曲轴箱通风压力传感器开路									
3		EGR 压差式流量计前压力传感器开路									
3		EGR 压差式流量计前压力传感器压力高于上限									
3		后氧传感器加热断路									
3		后氧传感器加热短路									
3		排气温度传感器电压高于上限值									
3		燃气切断阀电路故障									
3		天然气压力传感器电压信号低于下限									

3.3.2.4 第四部分 试验项演示试验方法

按照重型车国六标准实施细则中已列出的对各项故障进行演示试验的原则方法，企业应根据自身情况对必做项、首选项和次选项开展功能验证和故障分类验证的详细的演示试验流程进行描述。

原则上，企业给出的演示试验流程应符合重型车国六标准实施细则中给出的原则方法要求，若需采用与重型车国六标准实施细则不同的试验方法进行验证试验，应详细说明理由和依据，并经生态环境主管部门同意后，检验机构方可开展型式检验试验工作。

若生产企业需要采用 WHTC 工况以外的工况进行 OBD 故障演示试验，应在此处进行说明，包括依据和相应的分析等，并提供可进行演示试验的 OBD 循环。

失效模式：SCR 转化效率监测。试验流程示例如下：

- 上电。
- 连接诊断工具，确认当前无故障，并且 MIL 灯处于熄灭状态。
- 安装 WHTC 排放结果在 1.2 g/（kW·h）附近的劣化载体作为失效部件。
- 启动并运行 3 个 WHTC 循环，此过程关闭催化剂转化效率诊断。
- 冷机 8 h。
- 运行冷热 WHTC，演示 NO_x 排放 1.2 g/（kW·h），此过程关闭催化剂转化效率诊断。
- 上电，打开催化剂转化效率诊断，运行一个 Hot WHTC。
- 用诊断工具来确认：DM 41 里激活的故障码有 SPN 4364、FMI 31。
- 下电再上电，打开催化剂转化效率诊断。
- 运行 1 个热态 WHTC 循环。
- 用诊断工具来确认：DM 42/DM 28 里激活的故障码有 SPN 4364、FMI 31，同时 MIL 灯被点亮。
- DM 25 扩展冻结帧信息激活。
- 更改发动机运行时间使故障代码激活运行 36 h，并且用工具显示此故障代码的分子增加。
- 运行外特性曲线演示降扭。
- 用诊断工具演示降扭状态。
- 换用正常件。
- 运行 1 个 WHTC 循环，检查 MI 灯：依旧是长亮状态，下电。
- 上电，演示常亮 MIL 变成短暂 MIL。
- 连续执行 3 个 WHTC 循环，检查 MI 状态为短暂亮。

- 连续执行第四个操作循环，上电检查 MI，启动发动机至低怠速，短暂 MIL 变常灭。
- 点击诊断工具上“清除/复位”键直接清除非现行故障信息。

3.3.2.5　第五部分 OBD 在用符合性声明

发动机企业和整车企业应分别按照 GB 17691—2018 附录 FG.9 的要求，编辑 OBD 在用符合性声明。

在用符合性声明应加盖单位公章后，扫描成 PDF 文档上传至机动车和非道路移动机械环保信息公开系统。

3.3.2.6　第六部分　扩展文档的说明

扩展文档应由企业按照 GB 17691—2018 附录 F.8 的要求进行编辑，包括但不限于以下内容。

（1）劣化部件

劣化部件或系统的制备方法、技术细节、数据及相关排放测试结果。

（2）信号清单

发动机系统及 OBD 监测的所有输入和输出信号清单。

（3）监测策略

各监测的策略和决策过程。

（4）故障诊断

①故障诊断的监测方法；

②在正式文档故障码表格的基础上，增加一列，描述该故障码的诊断触发条件（转速、扭矩、水温、排温、流量等），以及相应的故障判断阈值；

③故障码存储方法准则；

④监测的“时间长度”（即运行时间/完成监测的必要过程）及监测“频率”（如连续或每循环一次等）。

（5）故障分类的相关文档

诊断故障码的故障分类，以及故障分类的技术依据。

若生产企业将限值监测、严重功能性故障监测调整为功能监测，则应在此处给出说明和描述，并给出详细证明材料和相应参数等。

（6）OBD 系族的相关文档

应提供 OBD 系族的说明，该说明应包括描述 OBD 系族内的发动机类型的清单、OBD 源机发动机系统的描述及根据 GB 17691—2018 附录 F.6.2.1 条要求的能够代表 OBD 系族的所有技术特征描述。

若 OBD 系族包含的发动机属于不同发动机系族，应提供该发动机系族的简要说明。

此外，生产企业应列举出所有的电子输入/输出清单，以及各 OBD 系族使用的通信协议。

（7）配备 OBD 的发动机安装于车辆的文档说明

发动机生产企业应提供 OBD 在车上的正确安装说明，以确保车辆在道路上或其他地方（如适用）使用时满足附录 F 的要求。该说明应基于 OBD 系族的基本设计参数、验证测试结果等，并且需说明下属要素和 GB 17691—2018 附录 F 的要求一致：

安装到车上需考虑与发动机 OBD 的兼容性；

故障指示器（图形、激活原理等）；

有线通信接口。

注意：若汽车生产企业直接对安装在车辆上的发动机 OBD 进行型式检验，不需要该文件。

（8）验证试验流程和方法

生产企业应对必做项、首选项、次选项以外的各项故障的详细试验方法及流程进行描述。此项内容应在正式量产前准备完成。

3.3.3 NO_x控制文档

NO_x 控制文档共包含三部分，按以下要求上传至机动车和非道路移动机械环保信息公开系统：

第一部分：正式文档。应以电子文件形式上传至机动车和非道路移动机械环保信息公开系统。发动机企业编辑的 NO_x 控制系统正式文档，应满足《重型柴油车污染物排放限值及测量方法（中国第六阶段）》（GB 17691—2018）附录 G 中对 NO_x 控制系统正常运行的要求，可参考本模板进行编辑，应包含但不限于第一部分正式文档模板规定的内容；

第二部分：故障码清单。应以 Excel 表格的形式导入机动车和非道路移动机械环保信息公开系统；

第三部分：必做项演示试验方法。作为正式文档的一部分上传至机动车和非道路移动机械环保信息公开系统。

3.3.3.1 第一部分 正式文档模板

（1）NO_x控制系统概述

对 NO_x 控制系统主要组成部分进行描述，列出 NO_x 控制系统中激活驾驶员报警系统和驾驶性能限制系统的监测项。

示例：NO_x 控制系统组成部分

- 驾驶员报警系统：是由指示器、符号，可选的声音警报和来自车辆监控系统的输出信息组成的系统。

……

- NO_x 控制系统针对以下监测对操作员发出警告和激活驾驶性能限制：

在低温下无法喷射反应剂（无加热器后处理系统）

……

（2）驾驶员报警系统

简要说明驾驶员报警系统的工作原理。

①驾驶员报警系统激活条件

对激活驾驶员报警系统的条件进行说明。

示例：

以下情况将启用并激活驾驶员报警系统：

防篡改监测系统失效；

……

②驾驶员报警系统符号

对驾驶员报警系统符号进行书面描述，并给出报警系统符号示意图（图 3-4）。

图 3-4　警告符号的示例

示例：

驾驶员驾驶性能限制警告指示器独立于所有其他（维修或 MIL）指示器。驾驶员报警系统指示器（DWL）集成在车辆的仪表板中，可能会因车辆制造商不同而不同。

③驾驶员报警指示器激活形式

对驾驶员报警指示器激活形式进行描述，并列出故障指示器在不同警告级别下的点亮状态（闪烁频率）。

④驾驶员报警系统故障描述

对驾驶员报警系统中的故障类型以及显示系统或蜂鸣系统提示的信息进行描述，如表 3-14 所示。

表 3-14 驾驶员报警系统故障描述

故障类型	报警系统类型：□显示　　□蜂鸣
反应剂＜“警告”液位	视觉警告将显示一条信息，指示反应剂液位较低。例如，尿素液位低、AdBlue 液位低或反应剂存量低
……	……

⑤驾驶员报警系统类型

- 由于反应剂液位低而导致驾驶员报警系统的激活

对由反应剂液位低导致的报警激活条件进行描述。

- 由于反应剂质量不合格而导致驾驶员报警系统激活

对由反应剂质量不合格导致的报警激活条件进行描述。

- 由于反应剂消耗不正确或喷射中断而导致驾驶员报警系统的激活

对由反应剂消耗不正确或反应剂喷射中断时导致的报警激活条件进行描述。

- 由于防篡改监测系统失效导致驾驶员报警系统的激活

对由防篡改监控系统失效导致的报警激活条件进行描述。

- 由于排放后处理器的 A 类故障导致驾驶员报警系统的激活

对由排放后处理器 A 类故障导致的报警激活条件进行描述。

- 由于非加热型 SCR 系统在环境温度≤–17℃时无法喷射反应剂导致驾驶员报警系统的激活

对由非加热型 SCR 系统在环境温度≤–17℃无反应剂供给时触发导致的报警信息激活条件进行描述。

⑥驾驶员报警系统相关 DTC 状态

对激活驾驶员报警系统的 DTC 状态进行描述。

⑦重复故障导致的驾驶员报警系统激活

对重复故障导致的驾驶员报警系统激活策略进行描述。

（3）驾驶性能限制系统

①初级驾驶性能限制系统

对初级驾驶员驾驶性能限制系统进行描述，包含扭矩限制方案、适用范围。

- 初级驾驶性能限制系统启用

对初级驾驶性能限制系统的启用条件进行描述。

- 初级驾驶性能限制系统激活

对初级驾驶性能限制系统的激活条件进行描述。

②严重驾驶性能限制系统

对严重驾驶性能限制系统进行描述，包含车速限制方案、适用范围。

- 严重驾驶性能限制系统启用

对严重驾驶性能限制系统的启用条件进行描述。

- 严重驾驶性能限制系统激活

对严重驾驶性能限制系统的激活条件进行描述。

（4）计数器

对驾驶性能限制系统计数器机制进行描述。

示例：

计数器的目的是启用初级和严重驾驶性能限制。

当任何驾驶性能限制请求为现行状态时，计数器增加。

①计数器原理

对计数器原理进行描述，包含计数器的技术规范和各驾驶性能限制请求对应的时间（表 3-15）。

表 3-15　计数器原理

计数器	计数器首次激活的 DTC 状态	初级驾驶性能限制的计数器值	严重驾驶性能限制的计数器值	严重驾驶性能限制后计数器冻结和保持的值
反应剂质量	确认并激活	10 h	20 h	18 h
……	……	……	……	……

②计数器重置

对计数器重置的条件进行说明。

（5）驾驶员报警和驾驶性能限制系统激活解除

对驾驶员报警、初级驾驶性能限制、严重初级驾驶性能限制的解除条件进行说明。

3.3.3.2　第二部分 故障码清单

按照重型车国六标准实施细则要求，NO_x 试验采用必做项、随机项的模式进行，生产企业应按照表 3-16 的规定，填写 NO_x 控制系统涉及的所有故障项目及故障码等相关信息，并以 Excel 表格的形式上传至机动车和非道路移动机械环保信息公开系统。故障列表应至少包含（但不限于）重型车国六标准实施细则中规定的所有 NO_x 控制系统必须进行诊断的项目。

表 3-16 NO_x 控制系统试验项故障码清单

必做项（1）随机项（2）	失效模式	主故障码		故障监测准则	报警系统激活准则	驾驶性能限制系统激活准则	故障诊断触发条件（转速、扭矩、水温、排温、流量等）	预处理循环	验证试验
		P Code 或 SPN	FTB（如有）或 FMI						
1	反应剂不足								
1	反应剂质量监测 Cdmin								
1	反应剂消耗量偏差								
2									

3.3.3.3 第三部分 必做项演示试验方法

重型车国六标准实施细则中已列出必做项故障进行演示试验的原则方法，企业应根据自身情况进行详细的演示试验流程描述。

原则上，企业给出的演示试验流程应符合重型车国六标准实施细则中给出的原则方法要求，若需采用与重型车国六标准实施细则不同的试验方法进行验证试验，应详细说明理由和依据，并经生态环境主管部门同意后，检验机构方可开展型式检验试验工作。

第 4 章　型式检验流程

李 刚　白 涛

4.1　发动机排气污染物及耐久性试验流程

4.1.1　型式检验项目、试验次数、试验燃料及排放限值

依据 GB 17691—2018 要求，重型车用发动机按燃料类型分为柴油机、NG 发动机、LPG 发动机、双燃料发动机。各类型发动机型式检验项目及相应限值见表 4-1～表 4-10。

表 4-1　柴油机型式检验项目、对应试验次数和燃料选择

<table>
<tr><th colspan="3">试验项目</th><th>是否进行试验</th><th>试验次数</th><th>试验用燃料</th></tr>
<tr><td rowspan="10">标准循环</td><td rowspan="5">WHSC</td><td>气态污染物</td><td rowspan="4">进行</td><td rowspan="4">1 次</td><td rowspan="14">国六基准柴油</td></tr>
<tr><td>PM
PN</td></tr>
<tr><td>CO_2 和油耗</td></tr>
<tr><td>曲轴箱通风</td></tr>
<tr><td>源机排放</td><td>进行</td><td>1 次</td></tr>
<tr><td rowspan="5">WHTC</td><td>气态污染物</td><td rowspan="4">进行</td><td rowspan="4">1 次</td></tr>
<tr><td>PM
PN</td></tr>
<tr><td>CO_2 和油耗</td></tr>
<tr><td>曲轴箱通风</td></tr>
<tr><td>源机排放</td><td>进行</td><td>1 次</td></tr>
<tr><td rowspan="2">非标准循环</td><td rowspan="2">WNTE</td><td>气态污染物</td><td rowspan="2">进行</td><td rowspan="2">1 次</td></tr>
<tr><td>PM</td></tr>
<tr><td colspan="3">再生验证热态 WHTC</td><td>进行</td><td>至少 3 次</td></tr>
<tr><td colspan="3">耐久性试验</td><td>进行或按推荐劣化系数</td><td>按车型对应里程</td></tr>
</table>

表 4-2 柴油机型式检验循环排放限值

污染物	WHSC 限值	WHTC 限值	WNTE 限值	原机 WHSC	源机 WHTC
CO/[mg/（kW·h）]	1 500	4 000	2 000	—	—
THC/[mg/（kW·h）]	130	160	220	—	—
NO_x/[mg/（kW·h）]	400	460	600	—	—
$NH_3/\times10^{-6}$	10	10	—	—	—
PM/[mg/（kW·h）]	10	10	16	—	—
PN/[mg/（kW·h）]	8×10^{11}	6×10^{11}	—	—	—

表 4-3 NG 发动机型式检验项目、对应试验次数和试验燃料

<table>
<tr><th>NG 发动机类型</th><th colspan="3">试验项目</th><th>是否进行试验</th><th>试验次数</th><th>试验用燃料</th><th>燃料切换是否允许对燃气系统微调</th></tr>
<tr><td rowspan="5">任何燃料成分的 NG 发动机 M.1.1（CNG）</td><td rowspan="5">标准循环</td><td rowspan="5">WHTC</td><td>气态污染物</td><td rowspan="4">是</td><td rowspan="4">2 次</td><td rowspan="4">市售 NG，G_{25}</td><td rowspan="4">否，但允许进行一个热态 WHTC 试运转</td></tr>
<tr><td>PM
PN</td></tr>
<tr><td>CO_2和气耗</td></tr>
<tr><td>曲轴箱压力</td></tr>
<tr><td>源机排放</td><td>是</td><td>1 次</td><td>市售 NG 或 G_{25}</td><td>—</td></tr>
<tr><td rowspan="5">任何燃料成分的 NG 发动机 M.1.1（LNG）</td><td rowspan="5">标准循环</td><td rowspan="5">WHTC</td><td>气态污染物</td><td rowspan="4">是</td><td rowspan="4">1 次</td><td rowspan="4">市售 LNG</td><td rowspan="4">—</td></tr>
<tr><td>PM
PN</td></tr>
<tr><td>CO_2和气耗</td></tr>
<tr><td>曲轴箱压力</td></tr>
<tr><td>源机排放</td><td>是</td><td>1 次</td><td>市售 LNG</td><td>—</td></tr>
<tr><td rowspan="5">带有自动调节开关的 NG 发动机 M.1.2</td><td rowspan="5">标准循环</td><td rowspan="5">WHTC</td><td>气态污染物</td><td rowspan="4">是</td><td rowspan="4">高发热量燃气 2 次，低发热量燃气 2 次</td><td rowspan="4">G_R，G_{23}；
G_{25}，G_{23}</td><td rowspan="4">否，但允许进行一个热态 WHTC 试运转</td></tr>
<tr><td>PM
PN</td></tr>
<tr><td>CO_2和气耗</td></tr>
<tr><td>曲轴箱压力</td></tr>
<tr><td>源机排放</td><td>是</td><td>1 次</td><td>G_R，G_{25}或 G_{23}</td><td>—</td></tr>
<tr><td rowspan="5">按高发热量范围气工作的 NG 发动机 M.2.1</td><td rowspan="5">标准循环</td><td rowspan="5">WHTC</td><td>气态污染物</td><td rowspan="4">是</td><td rowspan="4">2 次</td><td rowspan="4">G_R，G_{23}</td><td rowspan="4">否，但允许进行一个热态 WHTC 试运转</td></tr>
<tr><td>PM
PN</td></tr>
<tr><td>CO_2和气耗</td></tr>
<tr><td>曲轴箱压力</td></tr>
<tr><td>源机排放</td><td>是</td><td>1 次</td><td>G_R或 G_{23}</td><td>—</td></tr>
</table>

NG 发动机类型	试验项目			是否进行试验	试验次数	试验用燃料	燃料切换是否允许对燃气系统微调
按低发热量范围气工作的 NG 发动机 M.2.1	标准循环	WHTC	气态污染物	是	2 次	G_{23}，G_{25}	否，但允许进行一个热态 WHTC 试运转
			PM PN				
			CO_2 和气耗				
			曲轴箱压力				
			源机排放	是	1 次	G_{23} 或 G_{25}	—
按特定燃料组分的 NG 发动机 M.2.2	标准循环	WHTC	气态污染物	是	2 次	G_R，G_{25}	是
			PM PN				
			CO_2 和气耗				
			曲轴箱压力				
			源机排放	是	1 次	G_R 或 G_{25}	—
按特定燃气组分 LNG 或液化生物甲烷发动机 M.3	标准循环	WHTC	气态污染物	是	1 次	G_{20}	—
			PM PN				
			CO_2 和气耗				
			曲轴箱压力				
			源机排放	是	1 次	G_{20}	—
NG 发动机	耐久性试验			进行或按推荐劣化系数	按车型对应里程	型式检验试验燃料中任选一种燃料	—

表 4-4　LPG 发动机型式检验项目、对应试验次数和试验燃料

LPG 发动机类型	试验项目			是否进行试验	试验次数	试验用燃料	燃料切换是否允许对燃气系统微调
任何燃料成分的 LPG 发动机 M.1.4	标准循环	WHTC	气态污染物	是	2 次	燃料 A 或燃料 B	否，但允许进行一个热态 WHTC 试运转
			PM PN				
			CO_2 和气耗				
			曲轴箱压力				
			源机排放	是	1 次	燃料 A 或燃料 B	—
特定燃料组分的 LPG 发动机 M.2.2	标准循环	WHTC	气态污染物	是	2 次	燃料 A 或燃料 B	是
			PM PN				
			CO_2 和气耗				
			曲轴箱压力				
			源机排放	是	1 次	燃料 A 或燃料 B	—
LPG 发动机	耐久性试验			进行或按推荐劣化系数	按车型对应里程	型式检验试验燃料中任选一种燃料	—

表 4-5　NG、LPG 发动机型式检验循环排放限值

污染物	WHTC 限值	原机 WHTC
CO/[mg/（kW·h）]	4 000	—
NMHC/[mg/（kW·h）]	160	—
CH_4/[mg/（kW·h）]	500	—
NO_x /[mg/（kW·h）]	460	—
NH_3/$\times10^{-6}$	10	—
PM/[mg/（kW·h）]	10	—
PN/[mg/（kW·h）]	6×10^{11}	—
曲轴箱压力/kPa	循环最大值≤0	—

表 4-6　双燃料发动机型式检验试验项目及污染物测试项目

<table>
<tr><th>项目</th><th>1A 型</th><th>1B 型</th><th>2A 型</th><th>2B 型</th><th>3B 型</th></tr>
<tr><td rowspan="2">WHTC 测试项目</td><td rowspan="2">双燃料模式：NMHC、CH_4、CO、NO_x、PM、PN、NH_3、曲轴箱压力</td><td>双燃料模式：NMHC、CH_4、CO、NO_x、PM、PN、NH_3、曲轴箱压力</td><td rowspan="2">双燃料模式：THC、NMHC、CH_4、CO、NO_x、PM、PN、NH_3、曲轴箱压力</td><td>双燃料模式：THC、NMHC、CH_4、CO、NO_x、PM、PN、NH_3、曲轴箱压力</td><td>双燃料模式：THC、CO、NO_x、PM、PN、NH_3、曲轴箱压力</td></tr>
<tr><td>柴油模式：THC、CO、NO_x、PM、PN、NH_3</td><td>柴油模式：THC、CO、NO_x、PM、PN、NH_3</td><td>柴油模式：THC、CO、NO_x、PM、PN、NH_3</td></tr>
<tr><td rowspan="2">WHSC 测试项目</td><td rowspan="2">—</td><td>双燃料模式：无</td><td rowspan="2">双燃料模式：THC、CO、NO_x、PM、PN、NH_3、曲轴箱压力</td><td>双燃料模式：THC、CO、NO_x、PM、PN、NH_3、曲轴箱压力</td><td>双燃料模式：THC、CO、NO_x、PM、PN、NH_3、曲轴箱压力</td></tr>
<tr><td>柴油模式：THC、CO、NO_x、PM、PN、NH_3</td><td>柴油模式：THC、CO、NO_x、PM、PN、NH_3</td><td>柴油模式：THC、CO、NO_x、PM、PN、NH_3</td></tr>
<tr><td rowspan="2">WNTE 测试项目</td><td rowspan="2">—</td><td>双燃料模式：无</td><td rowspan="2">双燃料模式：THC、CO、NO_x、PM</td><td>双燃料模式：THC、CO、NO_x、PM</td><td>双燃料模式：THC、CO、NO_x、PM</td></tr>
<tr><td>柴油模式：THC、CO、NO_x、PM</td><td>柴油模式：THC、CO、NO_x、PM</td><td>柴油模式：THC、CO、NO_x、PM</td></tr>
</table>

表 4-7　双燃料发动机型式检验试验次数

			1A 型	1B 型	2A 型	2B 型	3B 型
柴油模式排放		WHTC	—	1 次	—	1 次	1 次
		WHSC		1 次		1 次	1 次
		WNTE		1 次		1 次	1 次
柴油模式源机排放		WHTC	—	1 次	—	1 次	1 次
		WHSC		1 次		1 次	1 次
		WNTE		—		—	—
双燃料模式	NG 正常排放	WHTC	2 次	2 次	2 次	2 次	2 次
		WHSC	—	—	2 次	2 次	2 次
		WNTE	—	—	2 次	2 次	2 次
	NG 源机排放	WHTC	1 次	1 次	1 次	1 次	1 次
		WHSC	—	—	1 次	1 次	1 次
		WNTE	—	—	—	—	—
	LNG20 正常排放	WHTC	1 次	1 次	1 次	1 次	1 次
		WHSC	—	—	1 次	1 次	1 次
		WNTE	—	—	1 次	1 次	1 次
	LNG20 源机排放	WHTC	1 次	1 次	1 次	1 次	1 次
		WHSC	—	—	1 次	1 次	1 次
		WNTE	—	—	—	—	—
	LPG 正常排放	WHTC	2 次	2 次	2 次	2 次	2 次
		WHSC	—	—	2 次	2 次	2 次
		WNTE	—	—	2 次	2 次	2 次
	LPG 源机排放	WHTC	1 次	1 次	1 次	1 次	1 次
		WHSC	—	—	1 次	1 次	1 次
		WNTE	—	—	—	—	—
耐久性试验			按车型对应里程，耐久期间排放测试按型式检验 WHTC 和 WHSC 要求，双燃料模式下排放测试仅进行其中 1 种气体燃料				
备注			柴油：国六基准柴油；双燃料模式气体燃料：按表 4-3 和表 4-4 进行选择				

表 4-8　双燃料发动机型式检验 WHTC 循环排放限值

污染物	1A 型	1B 型		2A 型		2B 型			3B 型	
	双燃料模式	柴油模式	双燃料模式	双燃料模式		柴油模式	双燃料模式		柴油模式	双燃料模式
				NG	LPG		NH	LPG		
CO/[mg/（kW·h）]	4 000	4 00	4 000	4 000		4 000	4 000		4 000	4 000
THC/[mg/（kW·h）]	—	160	—	见表内公式	160	160	见表内公式	160	160	160
NMHC/[mg/（kW·h）]	160	—	160		—	—		—	—	—
CH_4/[mg/（kW·h）]	500	—	500		—	—		—	—	—
NO_x/[mg/（kW·h）]	460	460	460	460		460	460		460	460
$NH_3/\times10^{-6}$	10	10	10	10		10	10		10	10
PM/[mg/（kW·h）]	10	10	10	10		10	10		10	10
PN/[mg/（kW·h）]	6×10^{11}	6×10^{11}	6×10^{11}	6×10^{11}		6×10^{11}	6×10^{11}		6×10^{11}	6×10^{11}

$THC_{GER}=NMHC_{PI}+$（$CH_{4PI}\times GER_{WHTC}$）

（1）若 $THC_{GER}\leqslant CH_{4PI}$，则 THC 限值=$THC_{GER}$，无 CH_4、NMHC 限值要求；

（2）若 $THC_{GER}>CH_{4PI}$，则 CH_4 和 NMHC 应分别满足 CH_{4PI} 和 $NMHC_{PI}$ 要求，无 THC 限值要求

备注	源机无限值要求

表 4-9　双燃料发动机型式检验 WHSC 循环排放限值

污染物	1A 型	1B 型		2A 型	2B 型		3B 型	
	双燃料模式	柴油模式	双燃料模式	双燃料模式	柴油模式	双燃料模式	柴油模式	双燃料模式
CO/[mg/（kW·h）]	—	1 500	—	1 500	1 500	1 500	1 500	1 500
THC/[mg/（kW·h）]	—	130	—	130	130	130	130	130
NO_x/[mg/（kW·h）]	—	400	—	400	400	400	400	400
$NH_3/\times10^{-6}$	—	10	—	10	10	10	10	10
PM/[mg/（kW·h）]	—	10	—	10	10	10	10	10
PN/[mg/（kW·h）]	—	8×10^{11}	—	8×10^{11}	8×10^{11}	8×10^{11}	8×10^{11}	8×10^{11}
备注	源机无限值要求							

表 4-10　双燃料发动机型式检验 WNTE 循环排放限值

污染物	1A 型	1B 型		2A 型	2B 型		3B 型	
	双燃料模式	柴油模式	双燃料模式	双燃料模式	柴油模式	双燃料模式	柴油模式	双燃料模式
CO/[mg/（kW·h）]	2 000							
THC/[mg/（kW·h）]	220							
NO_x/[mg/（kW·h）]	600							
PM/[mg/（kW·h）]	16							

4.1.2　机型备案参数获取

企业完成技术参数环保信息备案后，检测机构在试验前需先通过机动车环保信息公开系统下载企业发动机附录参数。

4.1.3　源机选择及排放试验方案确定

4.1.3.1　柴油发动机源机选择

根据最大扭矩转速时，每冲程最大燃油供给量作为首选原则，确定发动机系族型式检验的源机，若有两台以及两台以上的发动机符合首选原则，再根据额定转速时每冲程最大燃油供给量作为次选原则。

4.1.3.2　天然气发动机源机选择

以最大排量为首选原则，确定发动机系族型式检验的源机，若有两台以及两台以上的发动机符合首选原则，再根据如下顺序：额定转速时每冲程最大燃料供给量→最大点火正时→最低 EGR 率原则逐次选择。

4.1.3.3　双燃料发动机源机选择

根据最大扭矩转速时，每冲程最大燃油供给量作为首选原则，确定发动机系族型式检验的源机，若有两台以及两台以上的发动机符合首选原则，再根据额定转速时每冲程最大燃料供给量作为次选原则。

4.1.3.4　排放测试试验方案确定

确定源机后，通过对企业发动机配置进行分析，确定排气污染物试验方案、燃料选择、源机排放测试方案。型式检验的排放测试台架应具备全流稀释测试系统。气态污染物可选择在排气后处理，下游在原始排气中直采测量，也可在稀释排气中连续采样积分测量或袋采样测量，HC 若使用袋采样结果则取样袋应加热至（191±11）℃。推荐 HC、CH_4、NO_x 在稀释排气中连续采样积分测量，CO_2 和 CO 在稀释排气中袋采样测量，NH_3 应在原始排气中测量，PN、PM 应使用全流稀释取样测量。源机排放根据检测中心条件能通过分析仪直采在后处理前端测量气态污染则进行直采测量，可不测试源机状态下的 PM 和 PN；若必须拆除后处理进行源机排放测试时，则发动机生产企业应提供一套关闭发动机后处理相关诊断功能的 ECU，关闭的所有相关诊断项，需列表明确，试验结束后该列表随 ECU 由检测中心封存。针对特殊技术路线或试验方案选择中企业与检测中心分歧较大时，需向国家生态环境主管部门报备并获得认可后，以认可的试验方案开始试验。

4.1.4　测试台架安装

样品流转过程和台架安装过程的监控视频保持无缝连接，视频清晰可见。后处理的安装位置按企业申报的最远距离安装，各后处理间的相对位置及后处理系统保温应按企业申报进行安装，保温材料由企业提供且应与信息公开时的描述一致、与车载状态一致，如有多种材料应选择保温效果最差的进行试验。

与边界条件相关的传感器安装位置按《汽车发动机性能试验方法》（GB/T 18297—2001）规定或企业标准要求确定。进气温度和湿度在发动机进气口上游 30～60 mm 处测量，进气压力在试验室内不受阳光和热辐射的部位测量，进气阻力测量位置由生产企业规定，排气背压在排气歧管出口或增压器出口下游 75 mm 处测量，中冷压差及温度的测量位置由企业规定，燃料温度及测量点均由企业规定，冷却水温度在尽量靠近发动机冷却液出口和入口处测量，机油温度在主油道、主油道入口或其他有代表性的位置测量，排气温度在排气歧管出口或增压器出口下游 50 mm 处测量，且传感器端头应位于排气连接管的中心，机油压力在主油道或企业推荐的位置测量，对点燃式发动机或双燃料发动机的曲轴箱压力测试传感器安装位置按企业要求进行或在机油加注口、油标尺插入口处测量，所有温度测量传感器端头应位于测量位置的轴线中心处。

对开式曲轴箱系统需将曲轴箱排气引入后处理下游取样探头上游进行排放测试。连接管路内壁应光滑、导电、不和曲轴箱污染物反应，长度应尽可能短，弯头尽可能少，弯头半径尽可能大，曲轴箱排气管应加热，薄壁或绝缘且尽量少用塑料管，所用管路应不参与反应或释放影响排放结果的物质，曲轴箱排气管应伸入排气流中，且曲轴箱排气管出口的方向相对于排气流的方向应固定，曲轴箱背压应满足生产企业规定。因实际条件限制无法安装或拆除某附件，应由企业以正式文件形式向检测中心提交两份发动机系族所有机型的无法安装或拆除的附件吸收功率数据：一份是从怠速开始至额定转速按每 100 r/min 的转速间隔的附件吸收功率数据；一份是 WHSC 每个工况点的吸收功率数据；数据应以表格形式提供，并允许企业通过线性插值方式计算吸收功率，禁止使用功率曲线，附件吸收功率的文件需由检测中心保留备查。

4.1.5 机型参数核对

检测机构人员应在参数核对前确认所有试验相关视频已正常上传。对企业所送样品进行视频备案参数一致性核查。参数核查至少应包括 GB 17691—2018 3.8 定义的所有关键排放件：燃油供给系统、进气系统、排气后处理系统、ECU 及其传感器和执行器、EGR 及其相关过滤器、冷却器、控制阀和管路，同时应连接 OBD 诊断仪读取并记录 CAL ID 和 CVN 数据以备主管部门后期核查使用。所有核查记录留存检测中心备查。

4.1.6 燃料选择

4.1.6.1 柴油发动机燃料选择

对压燃式发动机进行型式检验时，燃料应使用符合 GB 17691—2018 附录 D 的基准燃料。

4.1.6.2 NG 发动机、LPG 发动机燃料选择

NG 发动机燃料选择按表 4-3 的要求进行，LPG 发动机燃料选择按表 4-4 的要求进行。更换燃料后，允许进行 1 个热态 WHTC 的适应性运转，不需重新核查性能和发动机瞬态性能曲线（POWER MAP）测试。

4.1.6.3 双燃料发动机燃料选择

双燃料发动机燃料选择按表 4-6、表 4-7 的要求进行，双燃料模式下更换燃料后，允许进行 1 个热态 WHTC 的适应性运转，不需重新核查性能和 POWER MAP 测试。

4.1.7　磨合及后处理激活稳定

按企业提供的磨合规范要求进行磨合。磨合结束后，按企业要求对发动机及后处理系统进行稳定处理。

4.1.8　标准测试循环试验流程（试验顺序无强制要求，WHTC-WHSC-WNTE，WHSC-WNTE-WHTC）

试验开始前，应再次确认视频监控系统与机动车环保网（VECC）的正常连接，各试验相关视频通道已上传，保证画面流畅清晰。整个试验过程中需保证视频系统正常工作，如中断，不得进行环保相关试验，如在试验过程中中断，需及时通知 VECC，经同意后，方可继续，否则试验无效。

4.1.8.1　发动机净功率性能核查

按照《汽车用发动机净功率测试方法》（GB/T 17692—1999）及发动机备案参数的要求，调整试验边界条件。对增压中冷发动机，冷却介质的温度至少应为 20℃；在发动机额定工况下增压空气的温度应保持在生产企业规定的最大值的±5 K 范围内，整个试验过程不允许改变冷却介质的温度和流量；中冷压差应在企业规定范围内。进气阻力范围：企业备案规定上限的±100 Pa。排气背压范围：企业备案规定上限的±1 kPa。同时连接 OBD 诊断仪记录数据流中输出扭矩值完成净功率试验，试验中核查功率校正系数是否满足 GB/T 17692—1999 的要求，若超差即可终止试验，待试验条件满足要求后再重新进行试验。试验中应同时记录台架测试数据和 OBD 诊断仪数据流转速、扭矩相关数据，试验后核查发动机校正功率和校正扭矩是否满足 GB/T 17692—1999 的要求，同时核查校正扭矩与 OBD 数据流计算扭矩是否满足 GB 17691—2018 附录 K.7.4.3 对该数据的一致性要求（7%）。发动机系族的每一个机型（GB 17691—2018 附件 KD.3.2.1）均需进行扭矩一致性验证，同时还应对其他部分负荷点（WHSC 工况点）进行扭矩一致性验证（10%）。若校正扭矩与 OBD 数据流计算扭矩一致性超差，即可判定不合格。

4.1.8.2　最大排气流量确定及稀释系统参数选择

应根据外特性数据记录的发动机最大排气流量，选择合适的 CVS 流量以保证该点总稀释比在（5∶1）～（7∶1），并且初级稀释比最小为 2∶1，同时需满足颗粒物测试滤纸的迎面速度应为 0.90～1.00 m/s 的要求。

4.1.8.3　发动机瞬态性能曲线（POWER MAP）测试

发动机功率性能核查试验完成后按 GB 17691—2018 附件 CG 的要求拆除发动机风扇

等不必要的附件或安装必要附件，再次核查发动机边界条件，除进气阻力和排气背压外，其余边界条件同性能核查。进气阻力范围：企业备案规定上限的±300Pa，排气背压范围：企业备案规定上限的80%～100%，当上限小于等于5 kPa，则为上限的±1 kPa（应尽量选择对排放最不利的条件下进行测试）。

边界条件核查完成后在最大功率点的75%～100%工况或按企业建议工况热机，热机结束后，卸载并在怠速下运行，然后在100%负荷的怠速转速下运行，接着按转速平均增加率（8±1）（r/min）/s，或使用其他恒定速率，在4～6 min内完成发动机瞬态性能曲线POWER MAP测试，数据记录频率至少1 Hz。在POWER MAP测试结束后，应计算并记录发动机低转速（n_{lo}）、高转速（n_{hi}）和参考转速（n_{pref}），试验所需相关转速以实测值为准。

4.1.8.4 试验前泄漏检查和滤纸准备

在排放采样开始前8 h内，应进行系统泄漏检测，并满足标准要求。试验前至少1 h应将滤纸放置于温度（22±1）℃，湿度应保持在露点温度（9.5±1）℃的称重环境室内进行稳定处理。

4.1.8.5 预循环测试

根据企业需要，运行1个或多个预循环（WHTC或WHSC循环可由企业自定），以检查发动机、试验单元、排放系统，试验边界条件复核可在预循环开始前进行。

4.1.8.6 WHTC 试验

（1）冷热WHTC 试验

①发动机及后处理系统冷却

WHTC冷机过程不允许更换机油，需自然冷却6 h，如果需要强制冷却，需证明后处理及内核温度降至20～30℃，如果不能证明，则不能强制冷却，该处是后处理的内核温度，而不是后处理前端或后端的温度；如无内核温度传感器，则强制冷却后30～45 min后再读取后处理前后温度，如无变化或升高，或升高温度不超过2℃，且温度处于20～30℃则认可强制冷却有效，强制冷却必须待后处理温度低于后处理的激活温度后才能进行；建议自然冷却5～6 h。

②试验前系统准备和滤纸称量

稀释系统应在试验程序开始前至少10 min开启，应用零气和量距气对分析仪进行标定检查。试验前滤纸称量：颗粒物和背景颗粒分别使用单张滤纸，参比滤纸使用两张独立滤纸，各自连续称量3次，取均值。滤纸直径47 mm，称量后应在8 h内使用；滤纸称量前需除静电，采用薄膜滤纸还需进行静电测量，静电需在±2V 范围内。采样前后的颗粒取样滤纸都需浮力修正。试验前检查发动机的润滑剂、冷却液、后处理系统的温度均达到 20～30℃，之后方可开始 WHTC 试验。

（2）试验过程中的检查

试验循环期间，需检查所需的所有仪器设备，若任何仪器设备故障，试验即刻终止，试验无效；若任何气态组分污染物测量值超出分析仪对应量程，试验即刻终止，试验无效；若分析仪工作气耗尽，影响分析仪正常运转，试验即刻终止，试验无效；若测试过程中分析仪相关温度要求超出设定要求，则试验即刻终止，试验无效；试验中同时需保证油耗仪或气耗仪正常工作，若故障，试验即刻终止，试验无效；发动机若在冷启动试验循环期间停机，则试验无效，若发动机在热启动试验过程中停机，则热启动试验无效，冷启动若不影响气体分析，则冷启动有效，热启动需重做。试验过程应同时测量 CO_2 和燃料消耗量，对于点燃式发动机应同时记录曲轴箱压力，压力记录至少应精确到 0.1 kPa。

（3）试验后有效性确认

试验结束后，气袋分析应在热启动试验完成后 30 min 内进行，或在热浸期间进行冷启动气袋分析；背景袋分析应在热启动试验后 60 min 内进行；对于积分式分析系统，取样应继续进行，直到系统响应时间结束，系统响应时间不应超过 20 s。

试验循环结束后的 30 min 内或热浸期间，需对气体分析仪使用量程的零点和距点使用相同零气和量距气进行检查。若试验前后的偏差在±1%F.S，则测量浓度无须修正，或按照 GB 17691—2018 要求进行修正，若超±1%F.S，则试验无效或需进行修正，校正后的浓度计算的最终比排放结果与未校正的比排放结果对比，两者之间的差值应在未校正结果的±4%或者限值的±4%取较大者，若超差，则试验无效（NH_3 不适用）。针对 NH_3 试验循环结束后的 30 min 内或热浸期间，需对 NH_3 分析仪使用量程的零点和距点使用相同零气和量距气进行检查。试验前后的偏差应在±2% F.S。测试滤纸应放置在称重室预置处理 1～24 h，称量试验滤纸时，同时称量参比滤纸，参比滤纸经浮力校正后，试验前后任一参比的质量变化大于 10 μg，则判定试验作废。袋采或 PM 采样整个测试循环中通过颗粒采样探头或输送管的流量控制应在设定流量的±2.5%范围内。若果采用流量补偿，则必须证明主稀释风道流量与 PM 样气流量之比的变化不超过其设定值的±2.5%。所有燃料类型的发动机实际循环功 W_{act} 应在基准循环功 W_{ref} 的 85%～105%。所有燃料类型的发动机循环回归性均应符合表 4-11 的要求，否则试验无效。试验循环的碳平衡偏差应不超±3%，否则试验无效。

表 4-11 WHTC 回归线的允差

	转速	扭矩	功率
y 对 x 的估算值的标准偏差（SEE）	≤最高试验转速的 5%	≤最大发动机扭矩的 10%	≤最大发动机功率的 10%
回归线的斜率，a_1	0.95～1.03	0.83～1.03	0.89～1.03
相关系数，r^2	最小 0.970	最小 0.850	最小 0.910
回归线的 y 截距，a_0	≤怠速的 10%	±20 m 或±2%最大扭矩，取其较大者	±4 kW 或±2%最大功率，取其较大者

（4）连续再生验证-热态 WHTC 试验

对连续再生后处理系统：需进行至少 3 次热态 WHTC，验证再生过程，其中首次热态 WHTC 需在最大功率点的 75%～100%的工况或按企业要求热机，再热浸 10 min，然后开始第一次热态 WHTC 试验。其他两次试验均需进行热浸 10 min。3 次结果颗粒物质量的比排放量偏差小于±25%或在 0.005 g/（kW·h）（其中大者），则认为是连续再生。连续再生验证前，需进行预处理，使 DPF 的积碳水平达到一定程度后再进行，可选择 ELR 的工况反复运行 30 min 至 1 h。

（5）周期再生验证-热态 WHTC 试验

主动再生允许超过 100 h，如超过 100 h 的周期再生可按周期再生申报；连续再生若具有周期的安全模式，建议企业按周期再生进行申报；若无周期的安全模式，则按连续再生申报；若在 WHTC 循环下，其安全模式可基于 WHTC 循环次数进行触发再生，则建议按周期再生申报。

对周期性再生验证：需进行至少 3 次热态 WHTC，2 次再生过程之外，1 次再生期间。再生过程之外的平均比排放应通过几个等间距的 WHTC 测试结果的算术平均值获得，例如再生后 0 h 测 1 次，再生后至下一次再生中点测试 1 次，在发生再生前接近再生时测试 1 次。建议在发生再生之前尽可能接近再生时，进行 1 次热态 WHTC，在再生结束之后再进行 1 次热态 WHTC，企业也可提供证据（证据应在检测中心测试获取）若两次再生之间的污染物结果偏差均＜±25%或在 0.005 g/（kW·h）（其中大者），则只需进行 1 次热态 WHTC。

企业可提供一个接近再生的后处理系统，或在试验室按企业经验快速进行碳载量累积使后处理系统尽可能接近再生条件。接着在最大功率点的 75%～100%负荷或按企业要求热机，再热浸 10 min，然后开始第一次再生之间的热态 WHTC 试验。热浸 10 min，在进行再生期间的热态 WHTC 测试时，发动机可以配备一个开关（可以是软件形式的开关），使之能够阻止或允许再生发生，若再生期间不止一次热态 WHTC 则应连续进行，中间无须停机和热浸，再生结果取所有再生期间热态 WHTC 结果的均值。再生结束后热浸

10 min，然后开始第二次再生之间的热态 WHTC 试验，也可按企业预判进行不超过 6 个热态 WHTC 循环的预处理，之后再进行第二次再生之间的热态 WHTC 试验。最后计算再生因子，应在检测报告中注明相加的再生因子或相乘的再生因子。若企业需要增加再生之间的热态 WHTC 循环次数，需提供相应的说明或依据，并报主管部门同意。因 ECU 可能会通过碳累积模型计算相关碳载量以触发再生模式，为更真实的模拟再生前后的过程，建议企业进行周期再生验证时，配备碳累积的 ECU，在再生前的热态 WHTC 时，关闭再生功能，使之阻止该过程再生，在再生循环的热态 WHTC 时恢复正常功能，使之实现自动再生，再生开关仅用于在当前满足再生条件时阻止再生发生。子机与源机的 n 和 n_r 不一致时，以源机的 n 和 n_r 为准。

4.1.8.7　WHSC 试验

试验前预循环处理、稀释系统和分析仪检查、滤纸称量同 WHTC 试验。

在开始试验前需在最大功率点的 75%～100%负荷下或按企业要求启动和预热稀释系统和发动机，然后在第九工况进行至少 10 min 预置，然后停机（5±1）min 内启动发动机，发动机启动后 1 min 内开始试验，工况转换时间为（20±1）s。

试验后操作及有效性判定除回归线的允差外同 WHTC 试验。WHSC 的回归线的允差如表 4-12。

表 4-12　WHSC 回归线的允差

	转速	扭矩	功率
y 对 x 的估算值的标准偏差（SEE）	≤最高试验转速的 1%	≤最大发动机扭矩的 2%	≤最大发动机功率的 2%
回归线的斜率，a_1	0.99～1.01	0.98～1.02	0.98～1.02
相关系数，r^2	最小 0.990	最小 0.950	最小 0.950
回归线的 y 截距，a_0	≤最高试验转速的 1%	±20 m 或±2%最大扭矩，取其较大者	±4 kW 或±2%最大功率，取其较大者

4.1.8.8　标准测试循环结果判定

WHTC 和 WHSC 的排气污染物结果需乘以或加上再生因子后再乘以劣化系数的结果满足排放限值要求即合格，任一污染物的结果超排气污染物的限值则不合格。CO_2 排放和燃料消耗量结果仅记录，不做再生因子校正，同时不做符合性判定。

4.1.8.9　标准测试循环源机排放测试

应对源机排放按 WHTC 和 WHSC 进行测试。测试流程和有效性判定同上，但污染物的测量方式可按试验室实际情况自行选择并进行记录。原排能直采测量则直采测量（直采作为优先选择项），可不测 PN、PM；若需拆除后处理进行原排的需提供另一套 ECU，该 ECU 仅能更改其中的后处理相关 OBD 功能，且需对更改项目进行列表明确。

4.1.9 WNTE 试验

试验前稀释系统和分析仪检查、滤纸称量同 WHTC。

在 WHSC 试验通过后，WNTE 开始前按照 WHSC 第九工况预处理发动机 3 min，结束后立即开始试验。各随机点运行时间 2 min，包括过渡时间（20±1）s。污染物的采样方式同 WHSC 和 WHTC。

依次对各网格进行试验。即对一个网格内的所有 5 个测试点试验完成后才能换到下一个网格进行试验。用于试验的 3 个网格、15 个工况点以及网格试验顺序和网格内各点的试验顺序应由检验机构采用常规统计方法随机确定。测试台架需具备随机选择工况的能力。

试验后操作同 WHTC。

WNTE 试验结果判定

试验结果判定：在任何一个网格 5 个工况点内测得的常规气体污染物的比排放平均值不应超过 WNTE 限值。整个测试循环中 15 个工况点的颗粒物的质量比排放不得超过 WNTE 限值。

4.1.10 点燃式发动机曲轴箱排放

对点燃式发动机和双燃料发动机曲轴箱在进行整个标准测试循环过程中压力小于等于大气压力则满足要求，压力测量准确度在 0.1 kPa 之内。

4.1.11 耐久性试验

型式检验时，企业可不进行实际耐久测试以确定劣化系数，企业可直接使用标准推荐的相乘的劣化系数，推荐的相乘的劣化系数见表 4-13。

表 4-13 标准推荐的劣化系数

试验循环	CO	THC①	NMHC②	$CH_4$②	NO_x	NH_3	PM	PN
WHSC	1.3	1.3	1.4	1.4	1.15	1.0	1.05	1.0
WHTC	1.3	1.3	1.4	1.4	1.15	1.0	1.05	1.0

注：①用于压燃式发动机；

②用于点燃式发动机。

若企业选择进行实际耐久测试以确定劣化系数时，企业应提供耐久试验工况及其依据，且耐久试验需在型式检验排放测试结束后 12 个月内完成。企业应给出耐久工况换算为车辆实际运行里程的依据，如燃油消耗量的相关性，车速与发动机转速的相关性。同时需在备案时注明排放测试的里程间隔。建议参考 WHTC 和 WHSC 形成综合工况，并按 PEMS 试验 CO_2 相对里程平均排放量，计算出相对里程的平均燃料消耗量，再按耐久里程计算出所需耗燃料总量；以耐久燃料总量与台架试验各工况点对应燃料消耗量均值计算出耐久运行时间。允许采用加速耐久的方法，但是加速不能超过标准规定的 1.3 倍油耗。

在耐久过程中包括起点和结束点最少 5 个测试点，测试点之间的间隔应均匀分布。耐久起点应进行冷热态的 WHTC 和 WHSC，耐久过程中仅需进行热态 WHTC 和 WHSC，对周期再生，若热态 WHTC 期间发生再生，则本次测试不纳入计算，待周期再生后再重新进行非再生的排放测试。通过最小二乘法确立线性回归方程，确定有效寿命终点和起点的排放，通过每种污染物有效寿命终点和耐久起点的排放比确定各污染物的相乘的劣化系数。企业若想使用相加的劣化系数需报生态环境主管部门批准后方可采用。

WHTC 和 WHSC 的排气污染物结果需乘以或加上再生因子后再乘以劣化系数的结果满足排放限值要求即合格，任一污染物的结果超排气污染物的限值则不合格。

耐久过程中的维护保养

为了保证耐久性试验的正常进行，应根据生产企业的维护保养手册进行维护保养。

（1）与排放相关的计划维护保养项目

在耐久性试验期间所进行的与排放相关的计划维护保养的里程或等效时间间隔，应按照生产企业提供给汽车或发动机用户的维护保养手册描述进行。如有必要，可以更新耐久性试验期间的维护保养计划。如果已经对耐久性试验过程中的发动机进行了某项维护保养，则该维护保养项目不允许从更新后的维护保养计划中删除。生产企业应详细制定耐久性试验内的调整、清洗和维护保养（如需要）以下部件的时间表：

①废气再循环系统，包括相关的过滤器、冷却器；

②曲轴箱通风装置，如适用；

③喷油嘴（只清洗）；

④喷油器；

⑤涡轮增压器；

⑥相关的传感器和执行器；

⑦颗粒物后处理系统（包括相关零部件）；

⑧De NO_x 系统；

⑨废气再循环系统，包括相关的控制阀门和管路；

⑩任何其他排气后处理系统。

进行排放相关的计划内关键维护保养项目，应与该生产企业的车辆维护保养说明书所要求的维护保养项目相同。

（2）计划维护保养项目的更改

在耐久性试验期间，生产企业如需开展新的维护保养项目，应及时向生态环境主管部门报告，提交材料说明新的维护保养计划和维护保养间隔里程（时间）的合理性。新的维护保养项目也应在用户车辆维护保养说明书上同时进行更改。

（3）与排放无关的计划维护保养项目

在耐久性试验期间，允许对进行耐久性试验的发动机或汽车按照生产企业推荐的最长时间间隔进行合理的、技术需要的与排放无关的计划性维护保养项目（例如，更换润滑油、更换燃料滤清器和空气滤清器、冷却系统维护保养、怠速调整、调速器调整、发动机螺栓拧紧力矩检查、气门间隙调整、喷油器间隙调整、正时和驱动带张力调整等）。

（4）维修

在整个耐久性试验期间，如果除发动机排放控制系统或燃料系统以外的其他发动机零部件，出现失效或导致发动机系统故障时，可进行修理。

耐久性试验期间，如果发动机本身排放控制系统或燃料系统出现故障，则认为耐久性试验无效。应使用新一台发动机重新进行耐久性试验。

4.1.12 试验特殊事项

①针对周期性再生 DPF，在再生因子获取试验中，应给出碳累计的水平范围；

②针对连续再生 DPF，应给出碳累计的水平范围；

③型式检验时，生产企业可以要求剔除任何车辆组合中发动机都不会运行的点，但该点需在企业进行参数备案中予以说明；

④试验后 ECU 应长期封存在检测机构，试验用的后处理和发动机留存检测中心至少 1 年，OBD 相关劣化部件可由企业自行妥善保存；

⑤排放和 OBD 须用同一台发动机和 ECU 进行，低温验证的 ECU 也得用排放认证的同一块 ECU，发动机允许另外用 1 台。

4.2 发动机 OBD 和 NO_x 控制系统验证试验流程

4.2.1 试验主要内容

OBD 和 NO_x 控制系统的主要试验流程见表 4-14。

表 4-14 OBD 和 NO_x 控制系统的主要试验内容

类别	试验项目
OBD 试验	故障分类验证
	功能性验证
OBD 试验中需同时验证试验项	永久故障码验证
	激活模式及其 MI 激活消除方案验证
	MI 计数器验证
	排放后处理器净化性能监测的驾驶性能限制验证
	在用监测性能验证
	数据流和冻结帧验证
NO_x 控制试验	报警系统激活验证
	初级驾驶性能限制系统激活验证
	严重驾驶性能限制系统激活验证
	初级驾驶性能限制系统验证
	严重驾驶性能限制系统验证
	反应剂低温性能验证

4.2.2 故障项

4.2.2.1 OBD 试验

根据故障重要程度，将故障项分为三类，即必做项、首选项和次选项。进行 OBD 试验时，将从这三类故障项中由机动车和非道路移动机械环保信息公开系统进行随机挑选。柴油机的故障项见表 4-15。

表 4-15 柴油机的故障项

故障类	故障项
必做项	SCR 转化效率
	DPF 过滤效率
	DOC 转化效率
	EGR 流量低
	进气节流阀卡滞、排气背压阀卡滞（两个项目选一项）

故障类	故障项
首选项	EGR 流量高
	冷却水温度传感器电路故障
	NO_x 上游传感器合理性诊断
	NO_x 下游传感器合理性诊断
	NO_x 上游传感器电路故障
	NO_x 下游传感器电路故障
	EGR 冷却器冷却性能不良
	EGR 执行器响应慢
	移除凸轮轴转速传感器
	移除曲轴传感器
	燃油喷射量偏差
	进气系统进气压力低
	冷却系统监测
	PM 传感器合理性
	SCR 上游温度传感器合理性故障
	SCR 上游温度传感器电路故障
	增压中冷器系统的效率
次选项	SCR 下游温度传感器合理性
	SCR 下游温度传感器电路故障
	DOC 上游温度传感器电路故障
	DPF 上游温度传感器电路故障
	DPF 上游温度传感器合理性
	DPF 压差传感器合理性
	可控增压器电路故障
	增压压力传感器电路故障
	EGR 阀电路故障
	空气流量传感器电路故障
	EGR 中冷器下游温度传感器电路故障
	增压中冷器下游温度传感器电路故障
	DPF 堵塞
	DPF 压差传感器电路故障
	尾管 HC 喷射系统故障
	尿素系统建压失败故障
	尿素泵电路故障
	轨压传感器电路故障
	喷油器开路
	燃油计量单元电路故障
	PM 传感器电路
	进气压力传感器电路故障
	进气压力传感器合理性
	进气温度传感器电路故障
	进气节流阀位置传感器电路故障
	EGR 阀位置传感器电路故障

表 4-16 是气体燃料发动机的故障项。

表 4-16　燃气机故障项

故障类	故障项
必做项	三元催化器转化效率低
	催化器损坏型失火故障
	前氧传感器合理性监控
	曲轴箱通风系统 CV 阀与进气歧管管路或进气管路断开
	EGR 流量低
首选项	EGR 流量高
	EGR 阀卡滞
	EGR 冷却器效率低
	燃料供给系统闭环修正系数高
	增压控制系统过增压
	增压控制系统增压不足
	中冷器冷却效率低
	后氧传感器合理性故障
	前氧传感器通信故障
	节气门卡滞
	环境传感器开路
	水温传感器开路
	连续流量阀调压故障
	连续流量阀流量偏差
	喷嘴开路
	曲轴信号有干扰或信号丢失
	增压压力传感器电路开路
	EGR 温度传感器开路
	EGR 压差式流量计后压力传感器开路
	EGR 阀开路
	EGR 阀控制电路开路
	点火线圈开路
	爆震传感器开路
	曲轴箱与 CV 阀管路断开

故障类	故障项
次选项	节气门位置传感器电压高
	节气门前进气温度传感器电压信号低于下限
	凸轮轴信号有干扰或信号丢失故障
	连续流量阀开路
	节气门后压力传感器压力高于上限
	节气门前压力传感器压力高于上限
	曲轴箱通风压力传感器开路
	EGR 压差式流量计前压力传感器开路
	EGR 压差式流量计前压力传感器压力高于上限
	后氧传感器加热断路
	后氧传感器加热短路
	排气温度传感器电压高于上限值
	燃气切断阀电路故障
	天然气压力传感器电压信号低于下限

4.2.2.2 NO_x 控制试验

柴油机发动机和双燃料发动机必须进行 NO_x 控制试验，单一气体燃料发动机不进行 NO_x 控制试验。NO_x 控制试验项目分为必做项和随机项，系统将随机选取试验项目进行试验见表 4-17。

表 4-17 NO_x 控制故障项

故障类	故障项
必做项	反应剂不足 反应剂质量监测 CD_{min} 反应剂消耗量偏差超 50%
随机项	企业填写故障项列表

4.2.3 故障选择方法

所有 OBD 和 NO_x 控制试验，均采用系统随机挑选故障项的方式进行，挑选的原则如下。

4.2.3.1　OBD 试验

（1）功能验证试验项

系统随机选择，必做项 5 项必须进行试验，首选项、次选项按表 4-18 的规则随机选取。

表 4-18　功能验证试验数目　　单位：个

发动机系族个数	1	2	3	4	5	6	n
功能性验证试验数	8	8	12	16	20	24	$4n$
必做项	5	5	5	5	5	5	5
首选项	2	2	5	8	10	12	12
次选项	1	1	2	3	5	7	$4n-17$

系统随机选择，应兼顾各类型故障（A 类、B1 类、B2 类和 C 类故障），应兼顾各监测类型（排放限值监测、严重功能性故障监测、功能监测、部件监测）。

若不确定 OBD 系族包含的发动机系族数目或企业后续可能会增加发动机系族数，可按企业要求增加相应试验次数。

（2）分类验证试验项

在第一次随机后，进行第二次随机，补充 B1 类、B2 类和 C 类故障，使这三类故障总数达到发动机系族数的 4 倍。若不确定 OBD 系族包含的发动机系族数目或企业后续会增加发动机系族数，可按企业要求增加相应试验次数。

（3）永久故障码验证

系统从功能性验证+分类验证的所有项目中，随机选出一项 A 类和一项 B1 类故障，在进行功能验证或分类验证试验时，同时进行永久故障码的验证。

（4）MI 激活模式及消除方案验证

系统从功能验证+分类验证的所有项目中，随机选择 A 类、B 类和 C 类各一项，在进行功能验证或分类验证试验时，进行 MI 激活模式及消除方案验证，在发动机无故障时，进行 MI 激活模式 1 验证。

（5）MI 计数器的验证

系统从功能验证+分类验证试验项目中，随机选择一项 B1 类故障和一项 A 类故障，在进行功能验证或分类验证试验时，分别同时进行单一 B1 计数器验证、连续 MI 计数器验证和累加的连续 MI 计数器验证。

（6）后处理器净化性能监测的驾驶性能限制系统验证

针对柴油机的 DPF 和 SCR 效率降低两项验证，系统随机选择一项，同时进行限扭的验证和限速激活和解除的验证。

针对气体发动机，应针对 TWC 效率降低进行驾驶性能限制系统验证。

（7）在用监测性能验证

系统从监测功能分组中随机选择的其中一项进行 IUPR 验证。

（8）冻结帧及数据流信息验证

系统从功能验证+分类验证的所有项目中，随机选出一项故障，在进行功能验证或分类验证试验时，同时进行冻结帧及数据流信息验证。

4.2.3.2 NO_x 控制试验

（1）报警系统激活验证

应进行 4 项，其中 3 项为必做项，1 项为随机项，系统从随机项列表中随机选取。

（2）驾驶性能限制系统激活验证

应进行 2 项限制系统激活验证，包括初级限制和严重限制。一项为反应剂不足，另一项从报警系统激活验证的试验项目中随机选择。

（3）驾驶性能限制系统验证

应进行反应剂不足的限扭和限速验证。

限速是整车应满足的要求，发动机台架不能代表实车情况，因此需在整车上进行限速的验证。限速不仅仅是发动机控制问题，还需发动机和整车协调控制。

（4）反应剂低温性能验证

应进行反应剂低温性能验证。

4.2.4 试验前发动机相关准备

OBD 试验前，企业可以选择使用车载仪表或者外接指示器作为 MI 和驾驶员报警系统。不允许在缺失 MI 和驾驶员报警系统状态下开展试验，试验前需先通过环保系统获取企业 OBD 文档。

OBD 试验前，需完成发动机性能及排放测试，以确认发动机及后处理系统是否正常，试验条件须满足 OBD 监测要求（如环境温度和海拔条件、系统电压水平、强制再生等）。

柴油发动机 OBD 及 NO_x 控制试验需采用基准燃料进行，气体燃料发动机可采用市售燃料进行。

4.2.5 故障分类的验证流程

故障选择→确认发动机当前无故障→安装劣化件（模拟故障）→按企业备案运行足

够的 OBD 循环次数激活 MI→MI 激活原则及故障码核查→预处理循环（按需）→冷热态 WHTC 排放测试→故障分类确定→结束。

4.2.5.1 故障选择

按照 4.2.3 规定挑选故障进行故障分类验证（当生态环境主管部门不同意企业的 A 类故障分类时，可选择 A 类故障），测试中所需劣化部件需由企业提供。

4.2.5.2 激活 MI

安装劣化部件或模拟故障之前，连接 OBD 诊断仪，确认发动机系统无故障（可运行 2 个 OBD 循环或操作过程进行故障状态确认）以确保验证过程故障的唯一性。装配劣化件或模拟所选择的故障。因故障分类应基于激活 MECS 对排放的影响和对其他监测能力的影响来进行分类，所以故障分类验证时需先按企业备案要求运行足够的 OBD 循环次数以激活 MI，核查 MI 激活原则及故障码正确后，再进行排放测试。

4.2.5.3 排放测试

排放测试前可按企业要求运行相应数量的预处理循环，运行冷、热态 WHTC 循环，确认故障状态下发动机排放水平，排放测试最多可进行 3 次，重复测试中，应使用同一劣化件或模拟故障。

4.2.5.4 故障分类确定

（1）A 类故障验证

生产企业划分的 A 类故障可不进行验证试验。

（2）区分 A 类和 B1 类故障验证（B1 类故障确认）

在区分 A 类和 B1 类故障时，若第一次排放测试结果高于 OTLs，则再进行第二次排放测试，若第二次排放结果也高于 OTLs，则进行第三次排放测试，若 3 次排放测试结果均高于 OTLs，则故障分类验证失败；如果其中任意一次排放测试结果低于 OTLs，排放试验即终止，则同意将其划分为 B1 类故障。

（3）区分 B1 类和 B2 类故障验证（B2 类故障确认）

对于区分 B1 类和 B2 类故障时，因 B2 类故障的特殊性，为保证故障状态下排放测试结果均小于 OTLs，同时降低企业验证试验负担，此处设定了一个限值：[（OTLs–排放限值）2/3+排放限值]。所制造的 B2 类故障，必须是该失效模式下最严重的故障。先进行 1 次排放测试，排放测试结果低于 [（OTLs–排放限值）2/3+排放限值]，则同意将故障划分为 B2 类，若第一次排放测试结果高于 [（OTLs–排放限值）2/3+排放限值]，但低于 OTLs，则再进行 2 次排放测试，3 次排放测试结果均低于 OTLs，则同意将其划分为 B2 类故障，若其中任意一次排放结果高于 OTLs，则故障分类验证失败。若排放结果高于

OTLs 则无须再进行排放测试。

（4）区分 B2 类和 C 类故障验证（C 类故障确认）

对于区分 B2 类和 C 类故障时，进行 1 次排放测试，若排放测试结果低于排放限值，则同意将其划分为 C 类故障；否则故障分类验证失败（排放测试仅需做 1 次）。

4.2.5.5 故障分类符合性判定

若 MI 激活原则及故障码、故障分类与备案 OBD 文档均一致，则判定合格；否则判定不合格，企业需更新文档后重新开始验证。

4.2.6 OBD 功能性验证流程

故障选择→确认发动机当前无故障→安装劣化件（模拟故障）→按企业备案运行足够的 OBD 循环次数激活 MI→预处理循环（按需）→冷热态 WHTC 排放测试（按需）→判定劣化件是否合格→MI 激活原则及故障码核查和验证结果判定。

4.2.6.1 故障选择

按第 4.2.3 节要求随机挑选故障进行 OBD 功能验证。

4.2.6.2 激活 MI

安装劣化部件或模拟故障之前，连接 OBD 诊断仪，确认发动机系统无故障（可运行 2 个 OBD 循环或操作过程进行故障状态确认）以确保验证过程故障的唯一性。装配劣化件或模拟所选择的故障。因故障分类应基于激活 MECS 对排放的影响和对其他监测能力的影响来进行分类，所以 OBD 功能性验证时也需先按企业备案要求运行足够的 OBD 循环次数以激活 MI。

4.2.6.3 劣化部件或系统的验证流程（OBD 功能性验证）

测试前按企业备案要求运行足够的 OBD 循环数后，无论 MI 是否已经激活，应根据劣化部件对应的故障所对应的监测技术类型，确定是否进行排放测试（GB 17691—2018 附录 F.6.4.2）。排放测试前可按企业要求运行相应数量的预处理循环，运行冷 WHTC、热 WHTC 确认故障状态发动机的排放水平，排放测试仅进行 1 次。

（1）A 类和 B1 类故障劣化部件判定（OBD 功能性验证）

属于排放限值监测和功能监测的 A 类和 B1 类故障，安装劣化部件后的排放结果不超出 OTLs 的 20%，则劣化部件合格。对于功能监测个案情况若在 OBD 文档中注明同时经 VECC 同意后，允许排放超出 OTLs 的 20%。

属于部件监测和严重功能性故障监测的 A 类及 B1 类故障，不需要进行排放测试验证劣化部件，具备相应劣化件即可判定劣化件合格。

（2）B2 类故障劣化部件判定

对于 B2 类故障，所有监测技术类型均需进行排放测试，如安装劣化部件后的排放结果不超出 OTLs，则判定劣化部件合格。

（3）C 类故障劣化部件判定

对于 C 类故障，所有监测类型均需进行排放测试，如安装劣化部件后的排放结果不超出污染物排放限值，则判定劣化部件合格。

4.2.6.4　OBD 功能性验证符合性判定

在验证劣化部件合格后，若 MI 激活原则及故障码与备案 OBD 文档一致，则判定 OBD 功能性验证合格。在验证劣化部件合格后，若 MI 激活原则或故障码与备案 OBD 文档不一致，则判定不合格。若劣化部件验证不合格，则企业需重新提供劣化部件再次进行验证。OBD 功能验证结束后，需恢复故障并可通过诊断工具或运行适当的 OBD 循环数以清除故障信息，对于非立即激活的故障，若通过诊断工具清除故障信息后，建议运行一个 OBD 循环，以检查故障是否真正恢复（其中包括永久故障码的清除），以备下一项故障验证。

第 4.2.7～4.2.12 节中，验证项可以在故障分类和功能性验证中随机选择故障进行。

4.2.7　永久故障码验证

需随机选择进行 2 项永久故障码验证，A 类故障和 B1 类计数器超过 200 h 的故障各 1 次。

4.2.7.1　永久故障码是否可通过诊断工具清除验证

连续 MI 激活后，在发动机停机状态下，验证该故障是否能够通过外部诊断工具清除，若能清除，则直接判定永久故障码验证不合格，若不能清除则需进行永久故障码自行清除验证。

4.2.7.2　永久故障码自行清除验证

故障修复后，运行 OBD 循环 OBD 系统自身确认引发该永久故障码的故障不存在后，OBD 可自行清除永久故障码；或者故障修复后，运行 1 个 OBD 循环使连续 MI 转变成短暂 MI，再经过 3 个连续 OBD 循环以解除激活 MI（故障修复后，也可在发动机停机状态下直接通过诊断仪清除确认激活的故障以解活 MI），MI 解除激活后运行 OBD 循环验证永久故障码是否能自行清除。

4.2.7.3　永久故障码验证符合性判定

若永久故障码不能通过诊断工具清除，且故障修复后，OBD 确认引发该永久故障码的故障不存在后，OBD 自行清除了永久故障码，则判定永久故障码验证合格，否则不合格。

4.2.8 激活模式及其 MI 激活消除方案验证

激活模式及 MI 激活消除方案验证包括激活模式 1～4，连续 MI 激活消除方案验证、短暂 MI 激活消除方案验证。系统从功能性验证或分类验证试验项目中随机选择 A 类、B 类、C 类各 1 项进行验证。

（1）激活模式 4 验证

针对已激活的 A 类故障，应验证连续 MI 对应的激活模式 4 钥匙上电发动机启动和钥匙上电发动机未启动的 MI 显示方案。

（2）激活模式 3 验证

针对已激活的 B 类故障，应验证短暂 MI 对应的激活模式 3 钥匙上电发动机启动和钥匙上电发动机未启动的 MI 显示方案。

（3）激活模式 2 验证

针对已激活的 C 类故障，应验证按需 MI 对应的激活模式 2 钥匙上电发动机启动和钥匙上电发动机未启动的 MI 显示方案。

（4）激活模式 1 验证

恢复所有故障后，可同时验证 MI 激活模式 1 钥匙上电发动机启动和钥匙上电发动机未启动的 MI 显示方案。

（5）连续 MI 激活消除方案验证

使连续 MI 激活的故障恢复后，通过 1 个 OBD 循环验证连续 MI 是否转变成短暂 MI，再经过 3 个连续 OBD 循环验证 MI 是否解除激活，验证过程不能有其他故障发生。

（6）短暂 MI 激活消除方案验证

使短暂 MI 激活的故障恢复后，OBD 确认故障不存在后（可运行 1 个 OBD 循环进行确认），再通过 3 个连续 OBD 循环验证 MI 是否解除激活，验证过程不能有其他故障发生。

（7）激活模式及 MI 激活消除方案验证符合性判定

完成上述验证后，MI 的显示满足模式 1～4 的显示要求，消除过程满足 MI 激活消除要求即判定合格；若任一显示方式或 MI 消除过程不满足标准要求，则判定不合格。

4.2.9　MI 计数器验证

4.2.9.1　连续 MI 计数器和累加的连续 MI 计数器验证及符合性判定

对系统随机选择的 1 项 A 类故障，按标准图 F.3 进行连续 MI 计数器和累加的连续 MI 计数器的验证。当连续 MI 激活的故障在 3 个 OBD 循环内被检测到时，连续 MI 计数器和累加的连续 MI 计数器应从之前冻结值开始计数；当连续 MI 激活的故障在 3 个 OBD 循环后被检测到，连续 MI 计数器应从 0 开始计数，累加的连续 MI 计数器应从之前冻结值开始计数；连续 MI 计数器应可以用 OBD 诊断工具清除置 0，累加的连续 MI 计数器不可以用 OBD 诊断工具清除置 0（故障的反复发生可以是不同故障）。

满足上述过程即可判定连续 MI 计数器和累加的连续 MI 计数器验证合格，否则不合格。

连续-MI 计数器和累加的连续 MI 计数器验证流程如下。

①当使连续 MI 激活的故障在 3 个操作过程内被检测到，连续 MI 是否从之前冻结值开始计数：

检查发动机状态确保发动机无故障→记录连续-MI 计数器和累加的连续-MI 计数器初始值→模拟使连续 MI 激活的故障→按 MI 激活原则运行不超过 2 个 OBD 循环确认并激活 DTC→DTC 确认并激活开始带故障运行 1 h 使连续-MI 计数器和累加的连续-MI 计数器+1→恢复故障→运行 1 个 OBD 循环→DTC 转变为历史故障→运行 1 个 OBD 循环→模拟使连续 MI 激活的故障→运行不超过 2 个 OBD 循环确认并激活 DTC→DTC 确认并激活开始带故障运行 1 h 使连续-MI 计数器和累加的连续-MI 计数器再加 1。

②当使连续 MI 激活的故障在 3 个操作过程后被检测到，连续 MI 是否重置归零：

在第①步后恢复故障→运行 1 个 OBD 循环→DTC 转变为历史故障→运行 3 个或以上 OBD 循环→模拟使连续 MI 激活的故障→运行不超过 2 个 OBD 循环确认并激活 DTC→确认连续-MI 计数器和累加的连续-MI 计数器是否重置归零。

③是否可以用 OBD 诊断工具清除置零

在第②步后执行诊断仪清除故障→确认连续-MI 计数器和累加的连续-MI 计数器是否重置归零。

4.2.9.2　单一 B1 计数器验证及符合性判定

对系统随机选择的 1 项 B1 类故障，按标准图 F.4 进行单一 B1 计数器验证。当 B1 类故障在 3 个 OBD 循环内被检测到，B1 计数器应从之前冻结值开始计数；当 B1 类故障在 3 个 OBD 循环后被检测到，B1 计数器应从 0 开始计数；用 OBD 诊断工具清除所有

B1 类故障后，B1 计数器不应置 0，而应冻结并保存当前值；累计运行 200 h 以上 B1 类故障解活后，计数器冻结值应为 190（故障的反复发生可以是不同故障）。

满足上述过程即可判定单一 B1 计数器验证合格，否则不合格。

单一 B1 计数器验证流程如下。

①当 B1 类故障在 3 个操作过程内被检测到，B1 计数器是否从之前冻结值开始计数：

检查发动机状态确保发动机无故障→记录 B1 计数器初始值→模拟 B1 类故障→按 MI 激活原则运行不超过 2 个 OBD 循环确认并激活 DTC→DTC 确认并激活开始带故障运行 1 h 使 B1 计数器+1→恢复故障→运行 1 个 OBD 循环→DTC 转变为历史故障→运行 1 个 OBD 循环→模拟 B1 故障→运行不超过 2 个 OBD 循环确认并激活 DTC→DTC 确认并激活开始带故障运行 1 h 使 B1 计数器再加 1。

②当 B1 类故障在 3 个操作过程后被检测到，B1 计数器是否重置归零：

在第①步后恢复故障→运行 1 个 OBD 循环→DTC 转变为历史故障→运行 3 个或以上 OBD 循环→确认 B1 计数器是否重置归零。

③累计运行 200 h 以上 B1 类故障解除后，3 个操作循环内又激活 B1 类故障计数器冻结值：

在第②步后可修改 B1 计数器值为 199→模拟 B1 故障→运行不超过 2 个 OBD 循环确认并激活 DTC→DTC 确认并激活开始带故障运行 1 h 使 B1 计数器+1 至 200→恢复故障→运行 1 个 OBD 循环→DTC 转变为历史故障→确认 B1 计数器是否冻结为 190→运行 1 个 OBD 循环→模拟 B1 故障→运行不超过 2 个 OBD 循环确认并激活 DTC→DTC 确认并激活开始带故障运行 1 h 使 B1 计数器+1。

④是否可以用 OBD 诊断工具清除置零：

在第③步后执行诊断仪清除故障→确认 B1 计数器是否置零。

4.2.10 排放后处理器净化性能监测的驾驶性能限制系统验证及符合性判定

后处理器的 A 类故障导致驾驶员报警系统激活后，在发动机持续运行 36 h 内故障仍没有被修复，应验证初级驾驶性能限制系统是否启用并激活，应在最大扭矩转速至调速器断油开始点转速间全负荷运行发动机验证初级驾驶性能限制系统激活后扭矩是否降低至少 25%，发动机峰值扭矩转速以下转速段的扭矩不能超过扭矩限制后的峰值扭矩；后处理器的 A 类故障导致驾驶员报警系统激活后，在发动机持续运行 100 h 内故障仍没有被修复，应验证严重驾驶性能限制系统是否启动并激活。

驾驶员报警系统、初级驾驶性能限制系统、严重驾驶性能限制系统按要求激活、限扭后最大扭矩转速至调速器断油开始点转速间扭矩降低至少 25%，发动机峰值扭矩转速以下转速段的扭矩不超过扭矩限值后的峰值扭矩则判定合格，否则判定不合格。

4.2.11　在用监测性能验证流程（只验证一般分母）

①在海拔≤2 500 m，−7℃≤环境温度≤38℃；

②发动机累计运行时间≥600 s；

③发动机转速≥1 150 r/min 或车速≥40 km/h 或负荷≥15%累计运行时间≥300 s（企业应在备案中明确其运行条件）；

④发动机怠速或油门松开或车速≤1.6 km/h 运行时间≥30 s（企业应在备案中明确其运行条件）；

在发动机单个驾驶循环内运行同时满足以上要求时，一般分母计数器应在 10 s 内加 1。

选择监测功能分组的其中一项进行上述过程连续 4 次验证。

4.2.12　数据流和冻结帧验证

当故障确认并激活后，数据流和冻结帧同时满足标准表 FE.1 强制性要求项即可判定合格，否则不合格。

4.2.13　NO_x 控制试验流程

4.2.13.1　试验条件

环境温度 266～311 K（−7～38℃），海拔 2 500 m 以下，发动机冷却液温度高于 343 K（70℃）均可进行 NO_x 控制验证。在反应剂未冻结的任何条件下都应进行反应剂存量监测。

4.2.13.2　试验原则

测试中所需劣化部件由企业提供。

限速验证需在整车上进行验证。除缺少反应剂外的故障，一旦故障已被引发，需按故障检测的流程对故障进行检测，之后再进行报警系统激活验证等后续验证。

4.2.13.3　报警系统激活验证

（1）反应剂不足报警系统激活验证

验证缺少反应剂时报警系统的激活，应按照生产企业的预判，发动机运行一个或多个 OBD 循环。进行验证试验时，反应剂存量应为生产企业与环境保护主管部门都同意的水平，但不能低于容器正常容量的 10%。当反应剂多于或等于反应剂容器容量的 10%时，已激活报警系统；同时验证故障信息是否正确，若故障信息正确且报警系统已激活则判定验证合格，否则不合格（验证中可否从容器内抽取反应剂来模拟发动机的持续运转过程，该信息需在 OBD 文档中报备）。

（2）反应剂质量不正确报警系统激活验证

验证反应剂质量不正确时报警系统的激活，选择的反应剂激活浓度不低于生产企业提供的最小可接受的反应剂浓度 CD_{min}，推荐使用为 CD_{min} 浓度的反应剂。验证前，需配备足够量的 CD_{min} 浓度的反应剂，配备完成后，需对反应剂浓度进行仪器检测，确定反应剂浓度为 CD_{min} 值。根据企业 OBD 文档要求运行足够数量的 OBD 循环以检测故障。当故障状态为“确认并激活”时，验证故障信息是否正确以及报警系统是否激活。若故障信息正确且报警系统已激活则判定验证合格，否则不合格。

（3）反应剂消耗量异常报警系统激活验证

验证反应剂消耗量和需求量偏差超过 50%时报警系统的激活，应进行足够时间的异常模拟，最长时间为 5 h 或等同于 2 L 的消耗量的持续时间，当用尿素作反应剂时，可以扩展至 48 h 或等同于 15 L 反应剂对应的持续时间，取两者中较长者，以检测故障。当故障状态为“确认并激活或潜在的（尽量采用确认并激活状态）”时，验证故障信息是否正确以及报警系统是否激活。若故障信息正确且报警系统已激活则判定验证合格，否则不合格。

（4）篡改导致报警系统激活验证

验证由于篡改导致报警系统激活的故障，应对每个故障进行单独测试。测试过程中，除测试过程中正在验证的故障外，不应有其他故障发生。根据企业 OBD 文档要求运行足够数量的 OBD 循环以检测故障。当所选择的故障显示为“确认并激活”状态时，检测程序应停止，验证故障信息是否正确以及报警系统是否激活。若故障信息正确且报警系统已激活则判定验证合格，否则不合格。

4.2.13.4 初级驾驶性能限制系统激活验证

在报警系统激活后，运行带故障的发动机至相应规定时间（10 h 或 36 h）或直到反应剂液位低于设定值。验证初级驾驶性能限制系统是否激活，同时记录计数器值，判定计数器值是否满足标准要求，对反应剂不足的故障，应在最大扭矩转速至调速器断油开始点转速间全负荷运行发动机验证初级驾驶性能限制系统激活后扭矩是否降低至少 25%，发动机峰值扭矩转速以下转速段的扭矩不能超过扭矩限制后的峰值扭矩；若初级驾驶性能限制系统已激活，同时计数器值和扭矩限值百分比均满足要求，则判定验证合格，否则不合格。

4.2.13.5　严重驾驶性能限制系统激活验证

初级驾驶性能限制系统激活后，运行带故障的发动机使相应计数器值达到相应规定值（20 h 或 100 h）或直到反应剂液位为空，在计数器达到规定数值时按企业 OBD 文档备案的要求对发动机进行重启等操作后，以验证严重驾驶性能限制系统是否激活，严重驾驶性能限制系统激活后，应记录计数器冻结值，判定该冻结值是否满足标准要求。对反应剂为空的故障应在整车上进行限速验证，验证严重驾驶性能限制系统激活后，车速限制至 20 km/h，或发动机转速限制至怠速转速。若严重驾驶性能限制系统已激活，同时计数器值和限速车速均满足要求，则判定验证合格，否则不合格。

4.2.13.6　反应剂罐和定量给料系统反应剂低温性能验证

（1）带加热系统的验证

将满荷状态的反应剂罐和定量给料系统在–18℃下放置 72 h，发动机及后处理系统在–18℃下放置 12 h。发动机在–17～–7℃条件下怠速运行 10～20 min（建议按最长时间 20 min 进行），之后发动机在–17～–7℃条件下以不大于 40%负荷（负荷：指发动机某一转速下实际输出扭矩与当前转速最大扭矩的百分比）运行时间 50 min，验证反应剂定量给料系统是否正常工作，在 70 min 发动机运行结束前若正常工作则判定合格，否则不合格（企业需在备案时明确本验证过程发动机是否需要加载运行，以便选择合适的试验方法）。

（2）非加热系统的验证

在≤–17℃环境下，按企业备案要求工况和运行时间运转发动机，核查反应剂有无供给，若反应剂无供给，则验证驾驶员报警系统是否激活；在≤–17℃环境下，运行车辆 70 min 后若无反应剂供给，验证严重驾驶性能限值系统是否激活。若在≤–17℃环境下，运行发动机有反应剂供给，可直接判定合格（非加热系统，企业须在备案中说明低温验证的工况和运转时间，但不能超过标准中 70 min 的限值以及 40%的负荷）。

4.2.13.7　CD_{min} 验证

验证前，需配备足够量的 CD_{min} 浓度的反应剂，配备完成后，需对反应剂浓度进行仪器检测，确定反应剂浓度为 CD_{min} 值。测试前可按企业要求进行最多 9 个 WHTC 循环的预处理。之后进行冷 WHTC、热 WHTC 排放测试，所测试结果应低于 NO_x 排放限值。

型式检验时，根据备案 OBD 文档要求选择通信协议和通信波特率，使用通用诊断仪进行故障诊断，禁止采用企业标定设备进行诊断。通信协议需能采用基于 CAN 的 ISO 27145、基于 TCP/IP 的 ISO 27145 和 SAE J1939—73 等满足 GB 17691—2018 附录 F 要求的 ISO 或 SAE 标准协议。

通信波特率应为 250 kbps 或 500 kbps。若通信协议或通信波特率不满足要求，则禁止试验。针对需要发动机较长运行时间的验证项目，只允许修改计数器值，以达到缩短试验时间的目的。涉及电子模拟故障、电子模拟里程、再生开关等需要更改 ECU 或与 ECU 通信的，须向国家生态环境主管部门报备并获得许可后方可实施，其中失火模拟和氧传感故障模拟不允许通过更改标定软件的方式进行。针对故障激活和 MI 消除验证中涉及的 OBD 循环，企业在 OBD 文档中明确了仅进行操作过程即可实现也可按照操作过程进行，但企业 OBD 文档中应明确操作过程的发动机运行工况和运行时间，运行的负荷和运行时间不能大于 OBD 循环工况负荷和时间。根据 GB 19691—2018 附录 G.5.4 的要求，严重驾驶性能限制系统起作用的策略需在 OBD 文档中进行描述，以便进行验证。即使发动机原排 PM 小于 OBD 限值，也不能仅对 DPF 进行严重功能性故障监测。DOC 转化效率的验证也不能只做移除。

4.3 重型车 PEMS 试验流程

型式检验、新生产车达标检查，在用车符合性检查和其他类型的 PEMS 试验都应该满足相关的安全和道路法规的要求。设备安装必须遵守当地安全法规，如因车辆型式特殊存在特别安装需求，最好提前和当地交通管理部门做好沟通报备。当 PEMS 安装在车辆外部时，应注意防雨和粉尘。PEMS 的安装应该尽量固定好，避免振动、过冷、过热和电磁干扰的影响。

4.3.1 设备安装

4.3.1.1 安装 PEMS 设备主体

按照设备制造商说明书的要求安装 PEMS 设备主体，尽可能减少电磁干扰、灰尘、电击、振动以及散热不良带来的不利影响。除此之外，在安装 PEMS 设备主体时，还应当确保各测量管路的气密性，并尽可能减少加热零部件的热量散失。设备主体的安装位置还应考虑试验人员在对设备进行必要操作和检查时的便利性。PEMS 设备主体应当使用捆扎带可靠固定，或按照设备制造商要求固定。当 PEMS 设备主体被放置于车内时，有条件的可配备气体浓度检测仪或其他预警装置，以防 CO 等有毒气体中毒。

安装设备时不得阻挡 PEMS 设备的散热风扇。排气采样管路应尽可能布置在车辆外部，以防止车内环境的污染。布置采样管路时，应避免管路弯折或泄漏，也应考虑过度的拉紧固定可能会在有振动的条件下损坏采样管路。应在安装完成 PEMS 主体后进行拍照记录。

4.3.1.2　流量计选择和安装

对于 PEMS 测试，需要使用排气流量计测量排气流量，排气流量计的量程范围应与 PEMS 测试过程中预期的排气流量变化范围相匹配。选择排气流量计量程时，请参考 PEMS 设备的使用说明书。

应按照设备制造商的安装要求安装排气流量计（EFM），注意排气流量计应与排气管紧密连接并防止漏气。排气流量计以及一切用于调整、连接排气管的装置，均不得对发动机或者排气后处理系统的正常工作产生不利影响。

无论何时使用，都应当按设备制造商推荐的方式将排气流量计与车辆排气管连接，安装排气流量计后不应改变发动机排气的性质和成分，不能将排气管长度增加超过 2.5 m，不得使排气背压大于发动机生产企业的推荐值。排气管段中不得出现死弯，在排气流量测量元件的上游和下游应设置至少 2 倍管道直径或 150 mm（取长度较大者）的直管段。应采用耐高温的硅胶管进行排气管与流量计的连接。安装时，硅胶管主要起外围包扎的作用，尽量避免硅胶管与排气管直接接触，其他连接处尽量采用法兰—卡箍连接。

建议对皮托管出口处采取保温措施，以防止水蒸气在低温条件下发生凝结。排气流量计应安装在不妨碍车辆重要功能的位置上，例如更换备用轮胎或备用保险等，这些应急措施可能会在实际道路上被使用。对采用双排气管布置的车辆，建议使用“Y”形管将全部排气汇集后送入排气流量计进行测量。应在安装完成排气流量计时进行拍照记录。

4.3.1.3　卫星导航定位系统安装

GPS 应该安装在车辆的较高点，不要安装在车内或者集装箱内部，试验开始前应检查并确定信号正常，否则应进行位置调整直至信号正常。卫星导航定位系统天线既可以借助磁铁吸附在车身上，也可以借助其他方式固定安装。

4.3.1.4　ECU 通信电缆的安装和连接

安装线缆时应尽可能地避免与车上人员和设备间的干涉。此外，用于通信连接的部件应正确地固定在测试车辆的驾驶室内，避免过高的湿度、振动和高温的影响。

PEMS 设备的 ECU 数据读取模块需连接在车辆的 OBD 接口上，且能够正常读取强制测量的参数，否则试验无效。数据类型和发送频率应按照 GB 17691—2018 的要求。其中判定条件相关参数与发动机功率计算参数作为强制性的数据流信息，采集频率不低于 1 Hz。

4.3.1.5　电源的安装

为了满足完整 PEMS 系统的电源要求，可以使用以下解决方案：

①便携式发电机组；

②电池（铅酸电池、锂离子电池等）。

若测试设备的电力需求不会使发动机的输出增加超过其最大功率的 1%，并且采取措施防止过度放电以避免发动机未运转或空转时过度放电导致电池损坏，则可以由车辆的内部电气系统为测试设备供电。

发电机组应安全地安装在车辆上。接地带应牢固地连接到车辆底盘上。加热探头是功耗的重要部分，对于某些情况，较低的环境温度和高速公路行驶条件（强制冷却）可能会显著影响加热探头。

如使用小型发电机为 PEMS 设备供电，应注意将发电机固定好并将发电机的废气排出驾驶室，同时保证发电机有充足的新鲜空气来源；如使用电池组供电，应注意正极、负极连接可靠，切不可短路连接，并保证电池散热正常。

4.3.1.6 气象站的安装

应将气象站安装在车外不易受到气流直吹和杂质污染的位置上。气象站中的温度传感器应当远离有可能使其被外部加热的位置，如避免发动机排气及其他热气流出口。在选择大气压力传感器的安装位置时，应尽可能地避免气流作用给测量带来的不利影响。

4.3.1.7 采样管安装

将加热采样管的采样探头与布置在排气流量计管路上的采样口连接，将加热采样管的气体出口与 PEMS 设备上的进样系统入口相连接。

不得改变加热采样管的长度，或对其进行改装，这会改变整个采样系统的时间延迟。当将 PEMS 系统的主体部分放置驾驶室或车厢内部时，建议将采样管从车辆侧窗、侧门或后备箱门引入车内。

确保对加热采样探头采取合理的保温措施，特别是在各管路连接处，包括排气流量计和分析仪的连接处，应避免在采样管路中出现冷点，从而避免由于气体凝结和蒸发带来的测量误差。

4.3.1.8 其他线缆和管路的连接

按设备说明书要求，连接其他线缆和管路。连接线缆时，应避免交叉线和打结，同时应确保线缆未被拉紧，以防止由于车辆振动或车身与底盘间的相对运动造成的损坏。

4.3.1.9 气瓶安装

气瓶不好固定情况下，应采用储气室来固定瓶子。在任何情况下，气瓶的安装应按照当地的健康和安全法规进行。

4.3.1.10 高温、高海拔、低温测试建议

高温测试条件下，温湿度传感器的安装应避免阳光直射，PEMS 设备的安装应考虑

散热情况。必要时，采用额外的冷却设备对主机电脑、供电电源，分析模块等进行散热。

高海拔测试条件下，便携式发电机组会出现功率不足的现象，应对设备同时采用电池供电，以保证 PEMS 设备不会出现断电的情况。

低温测试条件下，应对 PEMS 设备和采样管采取进一步的保温措施，但应注意不影响设备的性能。低温条件下设备的预热时间会延长，需预留充分的设备预热时间。低温试验完成后，建议将设备移动到干燥环境处，进行长时间清扫过程，防止采样管路和分析仪内部产生冷凝物。

4.3.2　试验前检查

4.3.2.1　检查连接

仪器设备上电前，通过目视和触摸的方法检查所有接头，确认没有松动，防止试验过程中振动导致接头松动。

4.3.2.2　检查 PEMS 供电电源的状态

每次试验前都应检查电池组充电情况或发电机的燃油量。

4.3.2.3　上电、启动和预热

启动发电机或使用电池组，给 PEMS 设备上电并启动 PEMS 设备。如果在室内试验，可以通过 220V 室电给 PEMS 设备供电。推荐至少在试验开始前 1 h 就给 PEMS 设备预热，从而使 PEMS 设备的温度达到稳定。在有条件的情况下，推荐在预热时使用室电，在正式试验前切换到发电机或电池组。正式试验前，压力、温度和流量等测试单元应达到正常工作状态。为了能够达到正确的性能，建议在车辆静置期间不要关掉 PEMS 的电源开关，保持预热状态。

4.3.2.4　检查和标定

每次试验前，均应使用零标准气体对气体分析仪进行检查。对于研发试验，如使用环境空气作为零标准气体，注意环境空气采样点远离污染源（尾气管或者发电机）。对于 PN 分析仪，要求使用 HEPA 过滤后的空气进行零点试验。应该在 2 min 内，以 1 Hz 的频率采样，计算平均值，最后的浓度应该满足设备供应商的要求，但是不能高于 5 000/cm^3。

每次试验前，均应使用标准气体对分析仪进行量距点检查。标准气体浓度应与排放试验过程中测试的污染物浓度相匹配，应按照设备供应商推荐的标准气体浓度对分析仪进行量距点标定。

每次 PEMS 试验前，都须将零点和量距点检查结果存档，包括所使用的标准气体详细情况。

试验前应按照 EFM 设备供应商的要求吹扫和准备排气流量计，该程序中应该包括清除管线和设备端口的冷凝和沉积物。建议使用清洁空气或者氮气吹扫压力传感器接头的方式清洗 EFM，可以使用这个反吹程序清除压力管线和压力测量端口中的冷凝物和柴油机颗粒。

应该按照设备供应商推荐的泄漏检查程序检查系统的气密性。

检查卫星定位系统信号及状态。在试验的第 1 秒时，就应该记录卫星导航定位系统信号。应注意避免试验车辆花费过长时间等待卫星导航定位系统信号，这样可能因为停车时间过长，而导致 PEMS 试验无效。

4.3.2.5 启动车辆后的检查

在启动车辆之后，检查系统是否能够正常读取和显示 ECU 数据，尤其是需强制读取的数据。检查是否还有足够的存储空间存储数据。

4.3.3 试验运行

试验过程一般要求参考 GB 17691—2018 附录 K.3。对于混合动力车，应满足本书第 4.3.2 节重型混合动力汽车预处理要求和运行模式要求；对于双燃料混合动力汽车，在双燃料模式 PEMS 试验前或试验后应对柴油模式（若车辆具有柴油模式）开展附加 PEMS 试验。车辆达标与否的判定依据为：①若双燃料模式和柴油模式的 PEMS 试验结果均达标，则该车辆排放判定达标；②若双燃料模式和柴油模式的任一 PEMS 试验结果超标，则该车辆排放判定超标。

PEMS 应在车辆启动前开始采样，测量排气参数并记录发动机及环境参数。在测试开始时，发动机冷却液温度不得超过 30℃；如果环境温度高于 30℃，则测试开始时发动机冷却液温度不得高于环境温度 2℃。

各种试验参数的采集、测量和记录应该在启动发动机之前开始进行。排气污染物的取样应满足 GB 17691—2018 附录 K.8.4.5 的要求。

在启动车辆或者试验行程开始的至少 30 s 前，就应该开始数据采集和记录工作，在车辆整个道路试验期间，数据采集工作应当连续进行。内燃机可能停机和重新启动，但是排放采样和记录工作应该连续进行，在试验行程结束后，至少还应该记录 60 s 的数据。测试过程中，至少每隔 2 h 对分析仪运行状态进行检查，以确认分析仪正常工作。

4.3.4 试验数据对齐及 ECU 扭矩数据的一致确认

当发动机累积功达到 WHTC 循环功的 4～7 倍时，试验完成。对获得的整车排放数据与发动机转速和扭矩数据进行整理，各个测量参数的瞬时数据进行对齐处理，确保数据的精度。数据对齐方式和数据一致性检查参考 GB 17691—2018 附件 KA.2.1 和附件 KA.2.2。传统重型汽车 ECU 扭矩信号一致性的检查方法参考 GB 17691—2018 附件 KD 要求。对于重型混合动力汽车可按如下方法进行测量：①按照 GB 17691—2018 附件 KD 要求，在 PEMS 测试过程，若发动机能够达到最大扭矩，不同转速下的最大扭矩与定型试验时不同转速全负荷下的扭矩的大小相比，两者之间的差异应不大于定型试验时全负荷扭矩的 5%；②通过台架试验进行验证或者具有第三方出具的扭矩测试报告，不同转速下的 ECU 读取扭矩与实测扭矩偏差应不大于 5%。

试验数据不允许将不同的试验路线中的数据合并，或对某一试验路线中的数据进行修改或删除。试验应根据设备采集的 GPS 车速查看是否满足试验的工况要求。

4.3.5　装有周期再生后处理系统的车辆

如果在 PEMS 试验期间发生周期性再生事件，可以认为试验无效，在生产企业的要求下可以重复进行一次试验。试验期间是否发生再生可以根据 ECU 信号判断，也可以根据排气温度、PN、CO_2、O_2 的测量结果以及车辆的速度和加速度信号进行相关信息判断。所有的试验结果都应该用装有周期再生系统的车辆在排放型式检验中获得再生因子进行修正。

生产企业应确保在第二次试验前，车辆已完成再生并且已经进行了适当的预处理。如果在重复进行道路行驶试验期间再次发生再生，则排放评价结果中也应该包括重复试验期间排放的污染物。

4.3.6　装有连续再生后处理系统的车辆

对于装有连续再生后处理系统的车辆，如果车辆具有强制再生模式，企业应在机动车和非道路移动机械环保信息公开系统中备案强制再生触发条件。如果在试验过程中发生强制再生且企业能够证明本次试验达到已备案的强制再生触发条件，可认为试验结果无效，在生产企业的要求下可以重复进行一次试验。生产企业应确保在第二次试验前，车辆已完成再生并且已经进行了适当的预处理。如果在重复进行道路行驶试验期间再次发生再生，则排放评价结果中也应该包括重复试验期间排放的污染物。

4.3.7　试验燃料

试验燃料应为满足 GB 17691—2018 标准的市售燃料，试验时应采集受试车辆的燃料样品。如对试验结果有争议，可以使用基准燃料。

4.4 重型车油耗排放试验流程

GB 17691—2018 第 6.12.5 条规定："当车辆按照 GB 30510 进行整车油耗的测量时，应同时按附录 L 进行污染物排放测量，排放的气态污染物及颗粒物应满足本标准表 4 的要求，并将试验结果进行信息公开"，并在 GB 17691—2018 附录 L 中对整车底盘测功机污染物排放测量方法进行规定。

4.4.1 检验准备

4.4.1.1 车辆准备

试验前核对试验样车的外部可见参数（如车型、VIN 号、发动机型号、发动机编号、轮胎型号、轮胎生产厂等），必须保证与企业的备案参数一致，并进行摄像记录，参数不一致的不予开始试验。

（1）磨合

试验车辆应经过至少 2 500 km、不超过 10 000 km 的磨合。

（2）轮胎

试验轮胎应为该车型厂定原装轮胎；如果该车型可选装几种不同规格的轮胎，则从中选择滚动阻力最大的一种进行试验。试验开始前，对照轮胎最大试验载荷和最高试验车速按车辆生产企业的建议对轮胎进行充气。

轮胎花纹深度应为初始花纹深度的 50%～90%，也可采用与车辆同时磨合过的新轮胎。

4.4.1.2 行驶阻力测定

按推荐行驶阻力设定或按照实际道路滑行阻力设定。

4.4.1.3 底盘测功机法

（1）底盘测功机及相关试验装置

底盘测功机应能准确模拟车辆的道路行驶阻力、加减速工况和试验车辆最大设计总质量状态下的当量惯量。底盘测功机技术特性应符合相应法规的技术规定。

底盘测功机热机：按照 80 km/h 的速度对底盘测功机预热 15 min，如果试验前底盘测功机已经处于运行状态，则无须预热。

当进行重型车燃料消耗量试验时，根据燃料消耗量计量方法的不同，相关的计量设备应满足下述精度要求：

①采用流量计（质量法或容积法）测定燃料消耗量时，测量精度不低于 0.5%；

②采用质量法测定燃料消耗量时，应通过满足下列要求的装置向发动机供应燃料：

a. 测量精度不低于 0.5%；

b. 车辆燃料记录装置不能对发动机正常工作造成影响；

c. 对燃料温度的影响不超过±5℃。

为方便试验操作，可设置燃油管路切换系统，通过专门的阀门使燃油从正常的供油管路迅速流入测量管路。改变燃油方向的操作应在 0.2 s 内完成。

③采用碳平衡法计算燃料消耗量时，排放物测量和计算要求应符合 GB 17691—2018 中的相关规定。

（2）实验室环境条件

环境温度应按照所进行的试验对应法规要求设定，实际环境温度应在试验记录中注明。

相对湿度应小于 95%。

大气压力应处于 91～104 kPa。

（3）试验燃料

试验用燃料应符合车辆生产企业规定，并满足相应国家标准的要求。

按 GB/T 1884 测定燃料密度。

当采用碳平衡法计算燃料消耗量时，假定汽油和柴油的氢-碳比分别为 1.85 和 1.86。

4.4.2　检验

4.4.2.1　拟合滑行试验

在开始滑行前，首先确认：

①手刹已放下；

②变速箱已置入空挡；

③发动机在怠速状态。

拟合滑行试验前，车辆应充分热车。

将道路滑行试验的阻力或推荐阻力系数输入至转毂中，设置转毂滑行与道路滑行时间误差，原则为中高速 3%，低速 5%。

将车辆加速至表 4-19 规定车速（V）以上，将变速器置于“空挡”位置进行滑行直至车速小于 15 km/h，完成满载或试验要求载荷拟合滑行。

拟合滑行试验一般重复 3 次。

表 4-19 行驶阻力测定车速

车辆类别	V/（km/h）
半挂牵引车	90
自卸汽车	75
货车（不含自卸汽车）	90
城市客车	70
客车（不含城市客车）	100

完成试验后，底盘测功机将自动停止，此时记录转毂滑行阻力参数 C、B、A（$F=C+B\times V+A\times V_2$；$F$ 为滑行阻力，单位 N；V 为车速，单位 km/h。）

4.4.2.2 排气污染物相关试验

（1）试验准备及测试

按《重型商用车辆燃料消耗量测量方法》（GB/T 27840—2011）附录 C.2.2.1 放置车辆，并连接排气取样系统等测试设备，确认排气管无泄漏。

按 GB/T 27840—2011 附录 C.2.2 或附录 C.3.2 调整底盘测功机。

试验时，车辆载荷状态应确保车辆在试验过程中不打滑。对牵引车，应在鞍座位置垂直加载。如试验部门能证明不会出现明显影响测量结果的打滑现象，经车辆生产企业同意后可不加载。

将底盘测功机设置为道路阻力模拟模式，并连接好数据采集系统和司机辅助驾驶系统。

试验时，同步运行道路模拟冷却风机、车速和时间记录仪等相关设备。正式试验前，宜进行 1～2 个完整的试验测试循环或采用其他方法对试验车辆和底盘测功机进行充分预热。

试验时，应根据车辆特点选择相应挡位；换挡策略由车辆生产企业和检测机构共同确定。当车辆在某一较高挡位下不能达到试验测试循环规定车速且速度偏差超过规定值时，可降低一挡继续试验，并在车辆重新进入能使用较高挡位行驶的匀速状态时，再次换入较高挡位进行试验。试验中，换挡过程应迅速平稳。

减速行驶时，应完全放开加速踏板，继续保持离合器接合状态，直至试验车速降至该挡位最低稳定车速时再分离离合器、降挡或停车。必要时，可使用车辆的制动器及辅助制动装置进行减速。

预热结束后，应开始进行车辆正式排放试验。

（2）污染物测量

可采用 GB 17691—2018 附件 KB 规定的 PEMS 测量设备，按照附录 K 的规定进行污染物排放测量；也可采用附件 CB 和附件 CC 的试验室测量设备，按附录 C 的规定进行污染物排放测量。

污染物取样、ECU 数据读取和记录应保持同步进行。

若按 GB 17691—2018 附录 K 进行污染物排放测量，试验结束后，应按附录 K.8.7 的要求进行测试设备的核实确认。

若按 GB 17691—2018 附录 C 进行污染物排放测量，试验结束后，应按附录 C.6.8.1～附录 C.6.8.5 的要求进行操作。

测量和系统应能分别测试市区、市郊和高速部分的排气污染物。

车辆排气尾管和稀释系统之间的连接管应尽可能短，连接管内径应不小于车辆排气管内径，若连接管长度超过 6 m，则必须进行保温处理。

应按 GB 17691—2018 附录 K.7 的要求进行 ECU 数据读取与记录。

（3）排放的计算

1）污染物质量计算

污染物质量的计算按 GB 17691—2018 附件 CA 和附件 CC 进行。

发动机循环功由 ECU 读取的发动机转速和扭矩按以下公式计算得到：

$$W = \int_{1}^{i} \frac{n \times T}{9\,550} \tag{4-1}$$

式中，W——发动机循环功，kW·h；

n——发动机转速，r/min；

T——发动机扭矩，m；

i——试验时间，s。

最终排放结果由某种污染物排放总质量和循环功计算得到。

$$L_i = \frac{M_i}{W} \tag{4-2}$$

最终排放结果按照 GB/T 27840—2011 中表 1 的要求，根据不同类别车型进行加权平均。

4.4.2.3　综合燃料消耗量试验

（1）试验过程

打开司机助上循环曲线，按照要求输入 C-WTVC 标准曲线，驾驶员按照车速要求驾驶汽车，车速误差为±3 km/h，每次超过速度偏差的时间不应超过 2 s，累计不应超过 10 s。

试验时，由驾驶员根据车辆特点选择相应挡位；换挡策略由设计部门和试验部门共同确定。当车辆在某一较高挡位下不能达到 C-WTVC 规定车速时，应降低一挡继续试验，并在车辆重新进入能使用较高挡位行驶的匀速状态时再次换入较高挡位进行试验，试验中，换挡过程应迅速平稳。

减速行驶时，应完全放开加速踏板，继续保持离合器接合状态，直至试验车速降至该挡位最低稳定车速时再分离离合器、降挡或停车。必要时，可使用车辆的制动器及辅助制动装置进行减速。

当试验车辆不能达到C-WTVC循环要求的加速度或试验车速时，应将加速踏板完全踩到底；当试验车辆不能达到C-WTVC循环规定的减速度时，应完全作用制动踏板直至车辆运行状态再次回到C-WTVC循环规定的偏差范围内。任何超过运转循环偏差的状况都应在试验报告中注明。

试验结束后分别记录市区、公路、高速燃料消耗量和距离。

（2）数据采集与处理

数据记录可通过自动采集系统或以手工方式进行。如采用自动采集系统，应能以不小于1 Hz的采集频率实时连续记录燃料消耗量、燃料温度和燃料压力。

每个完整的C-WTVC循环结束时，应存储车速等运行结果，并按下述的方法计算市区、公路、高速部分的燃料消耗量以及C-WTVC循环燃料消耗量。

（3）燃料消耗量的计算

1）采用碳平衡法确定燃料消耗量 Q

按下列公式计算燃料消耗量，单位为升每100 km（L/100 km）：

a. 对于装备汽油机的车辆：

$$Q=\frac{0.1154}{\rho_g}[(0.866\times \mathrm{HC})+(0.429\times \mathrm{CO})+(0.273\times \mathrm{CO_2})] \tag{4-3}$$

b. 对于装备柴油机的车辆：

$$Q=\frac{0.1155}{\rho_g}[(0.866\times \mathrm{HC})+(0.429\times \mathrm{CO})+(0.273\times \mathrm{CO_2})] \tag{4-4}$$

式中，Q ——燃料消耗量，L/100 km；

HC——测得的碳氢化合物排放量，g/km；

CO——测得的一氧化碳排放量，g/km；

CO_2——测得的二氧化碳排放量，g/km；

ρ_g ——15℃下的燃料密度，kg/L。

2）采用质量法确定燃料消耗量 Q

$$Q=\frac{M_{FC}}{D\times \rho_g}\times 100 \tag{4-5}$$

式中，Q——燃料消耗量，L/100 km；

M_{FC}——燃料消耗量测量值，kg；

D——试验期间的实际行驶距离，km。

ρ_g——基准温度 20℃下的燃料密度，kg/L。

3）采用容积法确定燃料消耗量 Q

$$Q=\frac{V_L\times[1+\alpha\times(T_0-T_F)]}{D}\times 100 \tag{4-6}$$

式中，Q——燃料消耗量，L/100 km；

V_L——燃料消耗量（体积）测量值，L；

α——燃料容积膨胀系数，10^{-3}/℃；

T_0——基准温度，20℃；

T_F——燃料平均温度，℃（采用手工记录时，应为每次试验开始和结束时在容积测量装置上读取的燃料温度的算术平均值；采用自动采集系统记录时，应为记录结果的算术平均值）；

D——试验期间的实际行驶距离，km。

4）综合燃料消耗量的确定

按式（4-7）计算 3 次试验结果的第 95 百分位分布的标准差 σ，并将 3 次测量结果中最大燃料消耗量与最小燃料消耗量之差（ΔQ_{max}）与 σ 值进行比较：

①如 ΔQ_{max} 不大于 σ，则视为通过重复性检验；

②如 ΔQ_{max} 大于 σ，则视为没有通过重复性检验。

$$\sigma=0.063\bar{Q} \tag{4-7}$$

式中，σ——第 95 百分位分布的标准差，L/100 km；

$\bar{Q}$——3 次试验所测得燃料消耗量的算术平均值，L/100 km。

对 3 个完整的 C-WTVC 循环的燃料消耗量进行重复性检验：如能通过重复性检验，则分别计算市区、公路、高速等各适用部分的平均燃料消耗量，确定该车型的燃料消耗量；如没有通过重复性检验，则应采用燃料消耗量较高的两个完整的 C-WTVC 循环试验结果，分别计算各适用部分的平均燃料消耗量，确定该车型的燃料消耗量。

对照表 4-20 确定该车型市区、公路和高速部分的特征里程分配比例，按式（4-8）加权计算该车型的综合燃料消耗量。

$$\mathrm{FC}_{综合}=\mathrm{FC}_{市区}\times D_{市区}+\mathrm{FC}_{公路}\times D_{公路}+\mathrm{FC}_{高速}\times D_{高速} \tag{4-8}$$

式中，$FC_{综合}$——一个完整的C-WTVC循环的综合燃料消耗量，L/100 km；

$FC_{市区}$——市区部分平均燃料消耗量，L/100 km；

$FC_{公路}$——公路部分平均燃料消耗量，L/100 km；

$FC_{高速}$——高速部分平均公路燃料消耗量，L/100 km；

$D_{市区}$——市区里程分配比例系数（简称市区比例），%；

$D_{公路}$——公路里程分配比例系数（简称公路比例），%；

$D_{高速}$——高速公路里程分配比例系数（简称高速比例），%。

表 4-20 特征里程分配比例

车辆类型	最大设计总质量（GCW/GVW）/kg	$D_{市区}$ /%	$D_{公路}$ /%	$D_{高速}$ /%
半挂牵引车	9 000＜GCW≤27 000	0	40	60
	GCW＞27 000	0	10	90
自卸汽车	GVW＞3 500	0	100	0
货车（不含自卸汽车）	3 500＜GVW≤5 500	40	40	20
	5 500＜GVW≤12 500	10	60	30
	12 500＜GVW≤25 000	10	40	50
	GVW＞25 000	10	30	60
城市客车	GVW＞3 500	100	0	0
客车（不含城市客车）	3 500＜GVW≤5 500	50	25	25
	5 500＜GVW≤12 500	20	30	50
	GVW＞12 500	10	20	70

第 5 章　型式检验扩展

关 敏　钱立运

5.1　一般要求

型式检验扩展应按照各车（机）类相关标准和本章的要求进行扩展判定。

完成型式检验项目并通过的车型称为该检验项目的基准车型。允许车型的部分检验项目扩展引用基准车型的试验数据。引用数据的车型称为扩展车型。基准车型信息公开应具备基准报告；扩展车型应具备扩展报告。完成型式检验项目并通过的机型称为该检验项目的源机。允许机型的部分检验项目扩展引用源机的试验数据。引用数据的机型称为子机。源机信息公开应具备基准报告，子机应具备扩展报告。

用于型式检验扩展的基准车型应已完成信息公开，用于型式检验扩展的源机应已完成信息公开或入库。

同期开展信息公开的两个或多个车（机）型型式检验项目如存在相互扩展情况，可允许同期进行信息公开。

信息公开型式检验扩展应满足信息公开主体相同，制造商相同。

企业在获得授权后，可以对授权企业的车型或二类底盘进行型式检验扩展。二类底盘改装车型扩展时，扩展车型和基准车型底盘型号必须相同。

信息公开型式检验扩展应满足排放标准阶段相同，燃料类型相同。不可外接插电混合动力车型（NOVC-HEV）可与 NOVC-HEV 车型进行扩展。可外接插电混合动力车型（OVC-HEV）可与 OVC-HEV 车型进行扩展。

油耗检验项目的扩展应符合国家工业和信息化部油耗试验扩展相关要求。

当某一车型按照本章的规定扩展后，此扩展车型不可再扩展到其他车型。

5.2 重型车发动机排气污染物试验扩展

5.2.1 发动机参数

发动机的下列参数相同：

①生产企业。

②燃料种类。

③双燃料发动机类型。

④双燃料发动机气体能量比插值，最高 GERWHTC 与最低 GERWHTC 的差值（最高 GERWHTC–最低 GERWHTC）不超过 30%。

⑤点火方式（点燃式、压燃式）。

⑥燃烧循环（二冲程、四冲程等）。

⑦缸体构造（干式/湿式/无缸套）。

⑧缸心距。

⑨气缸数。

⑩气缸排列型式。

⑪单缸排量（相同或减少，且当单缸排量≥0.75 L 时，减少不超过最大排量的 15%；单缸排量＜0.75 L 时，减少不超过最大排量的 30%）。

⑫冷却介质（空气/水/油）。

⑬进气方式。

⑭燃烧室型式。

⑮单缸气阀数。

⑯气阀和阀座结构。

⑰燃料供给系统型式（高压共轨、泵喷嘴、单体泵等，混合装置、单点喷射、多点喷射、直接喷射等）。

⑱EGR（有/无）。

⑲曲轴箱气体再循环装置型式。

⑳特殊装置（喷水装置、空气喷射装置、进气节流阀、排气节流阀等有/无）。

㉑排气后处理系统型式（类别、数目、组合方式。由于车辆布置原因导致 SCR 拆分为多个并独立封装的情况，若总体积不变且控制策略、喷射策略、监控策略、喷射系统

及传感器数目不变，则可划为同一系族，仅增加排放测试）。

㉒电子控制策略。

㉓后处理再生方式。

㉔SCR 系统载体材料是否为钒基。

5.2.2　源机选择

5.2.2.1　压燃式发动机

发动机系族源机的选取，应根据最大扭矩转速时，每冲程最大燃料供给量作为首选原则。若有两台以及两台以上的发动机符合首选标准，则应根据额定转速时，每冲程最高燃油供给量作为源机的次选原则。

5.2.2.2　点燃式发动机

应根据最大排量的首选原则，选择系族中的源机。若有两台以及两台以上的发动机符合首选原则，则应根据下列顺序的次选原则，选择源机：

①额定功率转速下每冲程最大燃料供给量；

②最大点火正时；

③最低 EGR 率；

④无二次空气泵或泵的实际空气流量最少。

5.2.2.3　源机选择的补充规定

在某些情况下，检验机构根据发动机生产企业提供的技术资料，可以增选发动机作为代表性发动机进行排放试验，以便确定系族中发动机的最差排放水平。如果系族中的发动机还有其他能够影响排气污染物的可变特性，那么在选择源机时，这些特性也应考虑在内。

下列关键污染控制装置（包括喷油泵、喷油器、增压器、EGR、压力调节器或蒸发器、混合装置、喷射装置、ECU、排气后处理系统、DCU、颗粒捕集器控制单元、氧传感器、氮氧传感器等）型号及生产企业发生变化时，应在源机或代表性发动机上进行试验（原排试验除外；除颗粒捕集器发生变化时需进行再生验证试验，其余配置变化均不需进行再生验证）。

进气阻力最大值、排气背压最大值、中冷器出口处最高温度增加时，应在源机或代表性机型上进行试验。

后处理系统的下列参数变化时，应在源机或代表性发动机上进行试验：

（1）催化转化器

①催化转化器及其催化单元的数目；

②作用型式；

③贵金属总含量；

④贵金属比例；

⑤载体的尺寸、体积；

⑥载体的结构和材料；

⑦载体生产企业；

⑧涂层生产企业；

⑨涂层材料；

⑩孔密度；

⑪安装的位置（在排气管中的位置和基准距离的最大值）；

⑫正常工作温度（K）范围；

⑬反应剂类型及浓度；

⑭反应剂喷射系统、喷射泵等；

⑮热管理措施（有/无）；

⑯其他。

（2）颗粒捕集器

①颗粒捕集器数量及单元数目；

②载体的尺寸、体积；

③载体的结构和材料；

④载体生产企业；

⑤涂层生产企业；

⑥涂层材料；

⑦孔密度；

⑧贵金属总含量；

⑨贵金属比例；

⑩安装的位置（在排气管中的位置和基准距离的最大值）；

⑪正常工作温度（K）范围；

⑫再生方式；

⑬排气中燃油喷射系统型式（燃烧器、碳氢喷射系统、缸内后喷等）；

⑭其他。

5.3　重型车发动机耐久性试验扩展

下列所描述的参数相同或保持在其规定限值之内的机型，都认为其发动机及污染控制装置的组合是相同的。

5.3.1　发动机参数

发动机的下列参数相同：

①生产企业。

②燃料种类。

③双燃料发动机类型。

④双燃料发动机气体能量比插值，最高 GERWHTC 与最低 GERWHTC 的差值（最高 GERWHTC–最低 GERWHTC）不超过 30%。

⑤点火方式（点燃式、压燃式）。

⑥燃烧循环（二冲程、四冲程等）。

⑦缸体构造（干式/湿式/无缸套）。

⑧缸心距。

⑨气缸数。

⑩汽缸排列型式。

⑪单缸排量（相同或减少，且当单缸排量≥0.75 L 时，减少不超过最大排量的 15%；单缸排量＜0.75 L 时，减少不超过最大排量的 30%）。

⑫冷却介质（空气/水/油）。

⑬进气方式。

⑭燃烧室型式。

⑮单缸气阀数。

⑯燃料供给系统型式（高压共轨、泵喷嘴、单体泵等，混合装置、单点喷射、多点喷射、直接喷射等）。

⑰EGR（有/无）。

⑱曲轴箱气体再循环装置型式。

⑲特殊装置（喷水装置、空气喷射装置、进气节流阀、排气节流阀等有/无）。

⑳排气后处理系统型式（类别、数目、组合方式。由于车辆布置原因导致 SCR 拆分

为多个并独立封装的情况，若总体积不变且控制策略、喷射策略、监控策略、喷射系统及传感器数目不变，则可扩展）。

㉑电子控制策略。

5.3.2 后处理参数

后处理下列参数相同：

（1）催化转化器

①型号及生产企业；

②催化转化器及其催化单元的数目；

③作用型式；

④贵金属含量（g/L，相同或更多）；

⑤贵金属比例（±15%）；

⑥载体的尺寸、体积；

⑦载体的结构和材料；

⑧载体生产企业；

⑨涂层生产企业；

⑩涂层材料；

⑪孔密度；

⑫安装的位置（在排气管中的位置和基准距离的最大值）；

⑬正常工作温度（K）范围；

⑭额定转速下的排气流量与载体的有效容积之比（相同或减少）；

⑮反应剂类型及浓度；

⑯其他。

（2）颗粒捕集器

①型号及生产企业；

②颗粒捕集器数量及单元数目；

③载体的尺寸、体积；

④载体的结构和材料；

⑤载体生产企业；

⑥涂层生产企业；

⑦涂层材料；

⑧孔密度；

⑨贵金属含量（g/L，相同或更多）；

⑩贵金属比例（±15%）；

⑪安装的位置（在排气管中的位置和基准距离的最大值）；

⑫正常工作温度（K）范围；

⑬额定转速下的排气流量与载体的有效容积之比（相同或减少）；

⑭再生方式；

⑮排气中燃油喷射系统（燃烧器、碳氢喷射系统、缸内后喷等）型式；

⑯其他。

5.4　重型车发动机 OBD 和 NO_x 控制系统试验扩展

（1）发动机下列参数应相同

①生产企业；

②燃料种类；

③燃料供给系统型式。

（2）排放控制系统下列参数应相同

①排气后处理系统型式（类别、数目、组合方式。由于车辆布置原因导致 SCR 拆分为多个并独立封装的情况，若总体积不变且控制策略、喷射策略、监控策略、喷射系统及传感器数目不变，则可扩展）；

②发动机电子控制单元（软件及硬件）生产企业；

③排放控制策略；

④EGR（有/无）；

⑤PM 传感器（有/无）；

⑥特殊装置（二次空气喷射、进气节流阀、排气节流阀等有/无。企业提供相关说明材料证明若有该装置机型，其关于该装置相关诊断不影响其他任何诊断，则可覆盖无该装置机型；应将有该装置机型作为 OBD 源机）；

⑦其他。

（3）OBD 供应商应相同

（4）OBD 的监测方法应相同（系统及部件的监测类型和监测技术应相同）

（5）功能监测及诊断的原理应相同（部件及系统的工作范围的监测原理应相同，如

EGR、增压器、进气节流阀、排气节流阀等部件及装置的工作范围的监测原理）

（6）部件监测及诊断的原理应相同（用于控制或监测排放控制系统的电气/电子部件的电路故障、功能性故障及合理性故障的监测原理应相同，如发动机上的各种传感器、排气中的燃油或反应剂喷射器、电热塞、进气加热器等）

（7）监测参数应相同（部件或系统监测参数类型应相同，如频率、开关、电流、电压、电阻、PWM 等信号）

5.5 重型车实际道路车载法排放试验扩展

（1）车辆由同一生产企业生产；

（2）底盘由同一生产企业生产；

（3）车辆分类一致，如 M1 类、M2 类、M3 类、N1 类、N2 类、N3 类车辆（公交车、邮政车和环卫车等城市车辆除外）以及公交车、邮政车和环卫车等城市车辆；

（4）发动机为同一机型（或排放系族）；

（5）对于改装车型，可以与满足以上（2）～（4）条要求的基准车型扩展。

5.6 加速行驶车外噪声试验扩展

（1）下列参数应相同

①车身或驾驶室外形相同（半高顶、高顶驾驶室可以认为与普通驾驶室外形相同。对于单排、排半、双排同一系列车型，配备排半、双排系列驾驶室的车型可以用单排驾驶室的车型来扩展，反之不可）；

②车长和车宽变化不大于 5%；

③轴数相同、驱动轴数量、位置相同；

④轮胎数量；

⑤整备质量相同或增加；

⑥发动机机舱结构布置及其隔声材料相同；

⑦发动机型号、生产企业相同；

⑧发动机位置相同（前置、中置、后置）；

⑨发动机布置相同（纵置、横置）；

⑩变速器挡位数及其速比相同；

⑪变速器型式相同；

⑫降噪系统和降噪系统部件（排气管、膨胀室、消声器等）相同；

⑬排气管位置和朝向相同；

⑭M1 类、N1 类以外的汽车，具有同类型发动机和不同总速比时，当车长和传动系的变化不会导致噪声测量方法（如挡位选择）的变化时，可以扩展。

（2）当扩展车型限值低于基准车型时，基准车型测得的噪声测量值应在扩展车型所规定的限值之内。

第 6 章　钒基 SCR 车辆要求

滕琦　季欧

6.1　一般要求

GB 17691—2018 规定：装有钒基 SCR 催化剂的车辆，在全寿命期内，不得向大气中泄漏含钒化合物；并在型式检验时提交相关的材料（如温度控制策略及相关测试报告等），证明在车辆使用期间的任何工况下，SCR 的入口温度低于 550℃。

（1）采用钒基 SCR 催化剂的发动机系族，再生方式应满足以下要求（表 6-1）。

表 6-1　钒基 SCR 再生方式分类

<table>
<tr><th colspan="4">再生方式</th><th>钒基 SCR</th></tr>
<tr><td colspan="3" rowspan="2">周期再生</td><td>低温再生</td><td>允许</td></tr>
<tr><td>基于氧的再生（≥550℃）</td><td>不允许</td></tr>
<tr><td rowspan="5">连续再生</td><td colspan="2" rowspan="2">再生周期＞100 h</td><td>低温再生</td><td>允许</td></tr>
<tr><td>基于氧的再生（≥550℃）</td><td>不允许</td></tr>
<tr><td rowspan="3">纯连续再生</td><td rowspan="2">有安全模式</td><td>低温再生</td><td>允许</td></tr>
<tr><td>基于氧的再生（≥550℃）</td><td>不允许</td></tr>
<tr><td colspan="2">无安全模式</td><td>允许</td></tr>
</table>

注：安全模式为服务站再生和驻车再生，允许使用钒基，需提供具体的实现方式和策略说明，安全模式要求 SCR 温度＜550℃。

（2）对于每个采用钒基 SCR 催化剂的发动机系族，应向生态环境部提供钒基 SCR 温度控制策略材料，包括 DPF 再生策略、热管理温度控制策略和 SCR 温度保护策略等内容。

（3）对于每个采用钒基 SCR 催化剂的发动机系族，应选择排温最高的机型，应进行正常工况排温测试、DPF 再生测试、温度保护策略验证，以及非正常工况下的排温测试（不同发动机系族需选取第 6.3.5.4～6.3.5.7 节不同的非正常工况下进行），并将测试报告备案。

（4）对于每个采用钒基 SCR 催化剂的发动机系族的 SCR+ASC 组合，应按照《柴油车排气后处理装置技术要求　第 2 部分：选择性催化还原转化器（SCR）》（T/CAEPI 12.2—2017）规定的钒挥发测试方法，进行钒挥发测试，要求在 550℃温度下，钒挥发应低于检出限，并将钒挥发测试报告提交备案。

6.2　钒基 SCR 催化剂发动机温度控制策略文档

发动机企业的钒基 SCR 催化剂温度排放控制策略文档，应满足 GB 17691—2018 规定的要求。文档提供的资料和数据需证明在车辆使用期间的任何工况下，SCR 的入口温度低于 550℃。在全寿命期内，不得向大气中泄漏含钒化合物。

6.2.1　发动机设计方案

6.2.1.1　发动机结构

发动机结构如图 6-1 所示。

示例：为满足排放标准限值要求，××发动机及其系族使用支持多次喷射的可变压力高压共轨燃油系统，高缸内爆发压力设计，开式/闭式曲轴箱系统，电控发动机及后处理控制系统，后处理控制系统包括 DOC、DPF、HC 缸内喷射以及带 ASC 的 SCR。

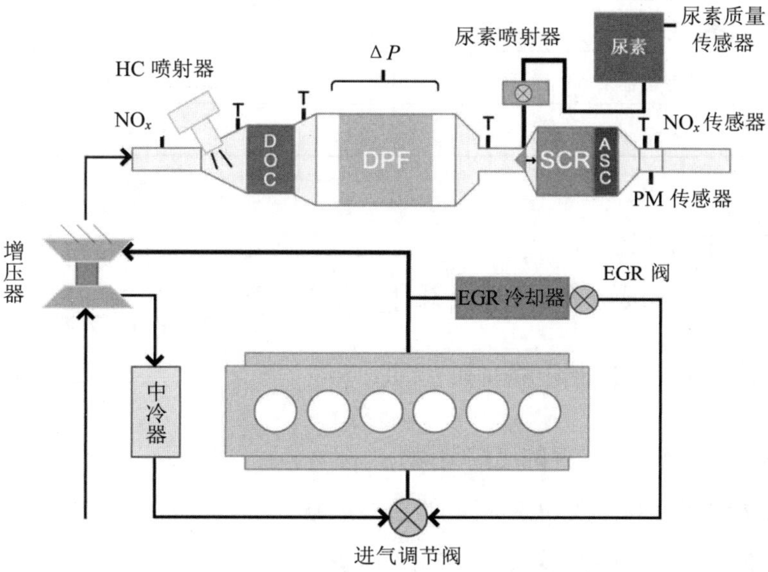

图 6-1　发动机结构

与 SCR 催化剂温度排放控制策略相关的发动机物理传感器和虚拟传感器见表 6-2。

表 6-2 发动机传感器

发动机传感器	作用
物理传感器 1	××
物理传感器 2	××
…	…
虚拟传感器 1	××
虚拟传感器 2	××
…	…

与 SCR 催化剂温度排放控制策略相关的后处理的物理传感器和虚拟传感器见表 6-3。

表 6-3 后处理传感器

后处理传感器	作用
物理传感器 1	××
物理传感器 2	××
…	…
虚拟传感器 1	××
虚拟传感器 2	××
…	…

6.2.1.2 SCR 系统的描述

描述 SCR 系统的构成、布置形式、载体单元数量等。

6.2.2 SCR 催化剂温度控制策略

6.2.2.1 万有特性下 SCR 温度的监控策略

（1）正常条件下万有特性 SCR 温度的监控策略

（2）极端条件下万有特性 SCR 温度的监控策略

应说明在高温、高海拔等条件下，是否有专门的 SCR 温度控制策略，如有，应提供具体的策略控制逻辑图，详细说明触发条件、原理，以及策略产生的效果等。同时提供策略验证的试验数据，并进行策略演示。

6.2.2.2　再生方式下 SCR 温度的监控策略

（1）再生方式的工作原理

（2）再生发生时的条件（颗粒物载荷、温度、排气背压等）

（3）连续再生

如采用连续再生，应说明是否有安全模式，如有安全模式，详细说明安全模式的工作原理，并给出安全模式时的温度控制策略，提供具体的策略控制逻辑图，详细说明策略触发条件、工作原理以及策略产生的效果等。同时提供策略验证的试验数据，并进行策略演示。

（4）周期性再生

如采用周期性再生，给出周期性再生的温度控制策略，提供具体的策略控制逻辑图，详细说明策略触发条件、工作原理以及策略产生的效果等。同时提供策略验证的试验数据，并进行策略演示。

（5）再生异常时的温度控制策略

如再生刚开始时被打断，给出此种情况下温度控制策略（如 DTI），提供具体的策略控制逻辑图，详细说明策略触发条件、工作原理以及策略产生的效果等。同时提供策略验证的试验数据，并进行策略演示。

6.2.2.3　非正常模式下 SCR 温度控制策略

应说明在可能影响排气温度的故障模式下，如何控制排气温度的策略，如增压器劣化、进气漏气故障等，提供具体的策略控制逻辑图，详细说明策略触发条件、工作原理以及策略产生的效果等。同时提供策略验证的试验数据，并进行策略演示。

6.3　钒基 SCR 排放测试方案

6.3.1　测试准备

钒基 SCR 发动机的温度测试，均应采用在 SCR 入口前端面中心位置及后端面出口位置加装热电偶进行。热电偶安装如图 6-2 所示（如果 SCR 是并列几条支路，则需要在每条支路的前端和后端都按照图 6-2 方式安装热电偶），热电偶距离端面 5～20 mm 即可。

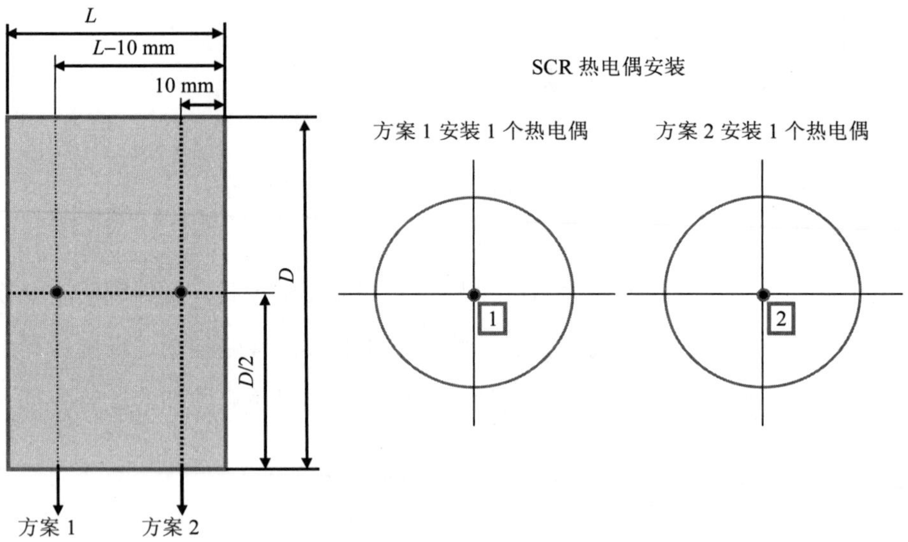

图 6-2 SCR 热电偶布置

6.3.2 排温外特性试验

6.3.2.1 边界条件

①温度：台架实验室关闭风机，空调调整室内温度为 40℃以上，进气温度调整为 40℃，进行外特性试验，检测 SCR 进出口排气温度。

②海拔：在平原实验室开展外特性排温测试，采用高原温度修正系数 λ=1.03，确定高原排温外特性。如果生产企业有 SCR 温度保护策略，则无须采用高原修正系数；如果生产企业没有 SCR 温度保护策略，则应采用高原修正系数，高原排温 = 平原测得的外特性排温×λ。

6.3.2.2 试验程序

采用转速油门控制模式，将柴油机调制标定工况稳定运转，待各项性能参数符合技术条件的要求后，油门保持不变，逐渐改变柴油机转速，记录最高空车稳定转速至怠速每隔 100 r/min（小于 1 500 r/min 的机型每隔 50 r/min）时的柴油机各工况点的性能参数，记录 SCR 进出口温度，测量与记录各项参数需在柴油机稳定运转 5 min 后进行。

6.3.3 DPF 测试

对于 DPF 安装在 SCR 之后的布置方案，可不进行本条规定的 DPF 相关演示试验。DPF 再生测试，均在热态 WHTC 工况下进行。

6.3.3.1 发动机台架 DPF 再生试验

①DPF 再生分为周期再生和连续再生两种，两种再生方式均需演示再生过程，监测

SCR 进出口排气温度。

②生产企业提供一个积碳的 DPF，碳载量应为发动机触发再生或者触发安全模式的条件。

③用生产企业准备好的积碳的 DPF 在认证台架上进行 WHTC 循环试验，直至自动触发 DPF 再生或者触发安全模式，记录整个过程的 SCR 进出口排气温度。

6.3.3.2　发动机台架 DTI（drop-to-idle）试验

①进行台架 DTI 试验，需进行 1 次演示，监测 SCR 进出口排温。

②生产企业提供一个积碳的 DPF，碳载量应为触发再生时的碳载量。

③安装积碳的 DPF，启动发动机，使其在怠速运行一段时间，然后把转速及扭矩在 60 s 内运行至最大扭矩点（运行至标定点的过程中触发再生），一直在最大扭矩点工况进行再生，再生时记录 DPF 两端的压差变化，当 DPF 内 soot 开始被动再生时，DPF 两端压差减小，当检测到 DPF 两端的压差由大变小时（该状态下发动机运转 3 min），之后在 30 s 内将发动机运行回怠速，在怠速稳定 10 min 后停车。

④整个过程全程记录 SCR 进出口排温。

6.3.3.3　HC 积聚时 SCR 的温度控制

①生产企业自己准备积碳的 DPF，将 DPF 积碳至 M g/L 碳载量（M =生产企业提供的触发再生时的最大碳载量−0.5 g/L，保证在怠速运转 8 h 期间不发生再生）。

②发动机后处理总成怠速运行 8 h，然后停车。

③手动触发 DPF 再生试验，测试 SCR 进出口温度。

6.3.4　SCR 温度保护策略验证

如果生产企业在 SCR 温度控制策略文件中声明应用 SCR 温度保护策略，则应进行温度保护策略验证。

（1）根据高温 40℃外特性排温试验结果选择 SCR 上游温度最高的工况点试验。

（2）在该工况点正常操作条件下稳定测量，应使用 9 min 的稳定时间，在此期间连续记录数据。

（3）演示程序

继续执行以下步骤进行温度演示。

①使用试验台节流阀盖增加进口压力从正常值到最大值（两者都由发动机企业声明）。

②通过使用排气系统下游的试验台节流阀增加排气背压，从额定值到最大值（均由发动机企业声明）。

③通过良好的工程判断降低增压空气冷却效率，将发动机进气温度从标称值提高到最大值（均由发动机企业声明）。

（4）评估

当满足以下两个条件时，生产企业的 SCR 温度保护策略被视为已证明。

①尽管采用了 6.3.4（3）的步骤①～③，但仍达到稳定的排气温度；

②SCR 上游的测量排气温度＜550℃。

6.3.5 柴油机异常工况下的排气温度测试

对于有 SCR 温度保护策略的发动机系族，进行 SCR 温度保护策略演示后，应进行第 6.3.5.1～6.3.5.3 节规定的故障下排温测试，并由检验机构在 6.3.5.4～6.3.5.7 节中任选一条进行排温测试。

对于无 SCR 温度保护策略的发动机系族，应进行 6.3.5.1～6.3.5.7 节规定的全部异常工况下的排温演示试验。

模拟故障状态下，开展外特性排温测试，若发动机无法在某些工况运行时，企业应说明原因，并和检验机构协商发动机可运行的区域，编写试验方案，并报主管部门备案。

6.3.5.1 进排气漏气故障

①增压后漏气（漏气量＞10%），进行台架外特性试验，测试 SCR 入口温度。

②排气管垫片漏气、漏装（漏气量＞10%），进行台架外特性试验，测试 SCR 入口温度。

6.3.5.2 中冷器故障

采用旁通连接方式使中冷器失去作用，中冷器无冷却能力，进行台架外特性试验，测试 SCR 入口温度。

6.3.5.3 增压器劣化、失效

①准备增压器劣化件（效率下降＞5%），进行台架外特性试验，测试 SCR 入口温度。

②准备增压器失效件（放气阀卡滞全开/全关位置），进行台架外特性试验，测试 SCR 入口温度。

6.3.5.4 喷油器喷孔磨损

模拟喷油器喷孔放大，喷油量增加 10%～15%，进行台架外特性试验，测试 SCR 入口温度。

6.3.5.5 EGR 系统故障

①EGR 阀卡滞在全开状态无法正常关闭，进行台架外特性试验，测试 SCR 入口温度。

②EGR 冷却器效率下降（去掉 EGR 冷却器），冷却后温度上升，进行台架外特性试

验，测试 SCR 入口温度。

6.3.5.6 DOC 失效

①准备 DOC 效率劣化件（空白载体的劣化 DOC），进行再生试验，测试 SCR 入口温度。

②DPF 再生试验参见 6.3.3.2 节台架再生试验，此处可以用无积碳的 DPF 手动触发 DPF 再生。

6.3.5.7 节流阀卡滞

节流阀卡滞在 15%～20%位置，进行台架外特性试验，测试 SCR 入口温度。

6.4 钒挥发测试报告模板

（1）任务来源及目的

受×××（受检单位）的委托，对其提供的×××型号的钒基 SCR 进行钒挥发速率测试。

（2）检验依据

《柴油车排气后处理装置技术要求　第 2 部分：选择性催化还原转化器（SCR）》（T/CAEPI 12.2—2017）。

（3）基本情况

<table>
<tr><td colspan="2">产品名称</td><td>钒基 SCR</td><td colspan="2">商标</td><td></td></tr>
<tr><td colspan="2">型号</td><td></td><td colspan="2">生产厂家</td><td></td></tr>
<tr><td rowspan="2">载体</td><td>尺寸规格（mm×mm×mm）</td><td></td><td rowspan="2">催化剂</td><td>涂覆工艺</td><td></td></tr>
<tr><td>材质</td><td></td><td>V_2O_5与TiO_2涂覆质量比</td><td></td></tr>
<tr><td colspan="2">备注</td><td colspan="4"></td></tr>
</table>

<table>
<tr><td colspan="2">产品名称</td><td>ASC</td><td colspan="2">商标</td><td></td></tr>
<tr><td colspan="2">型号</td><td></td><td colspan="2">生产厂家</td><td></td></tr>
<tr><td rowspan="2">载体</td><td>尺寸规格（mm×mm×mm）</td><td></td><td rowspan="2">催化剂</td><td>涂覆工艺</td><td></td></tr>
<tr><td>材质</td><td></td><td>贵金属含量及比例</td><td></td></tr>
<tr><td colspan="2">备注</td><td colspan="4"></td></tr>
</table>

（4）检验时间及地点

——检验时间；

——检验地点。

（5）检验结果

样品编号	测试温度/℃	载体体积/L	钒挥发速率/[μg/（L·h）]
	550		

（6）试验后热阱吸附剂照片

第 7 章　发动机生产一致性

郝春晓　肖 寒

为确保批量生产的发动机的排放特性与已进行型式检验的发动机机型一致，生产企业应具备生产一致性保证体系，包括质量管理体系和生产一致性保证计划。

发动机企业应制订自查计划，并提交自查报告。

7.1　质量保证体系

生产企业应在发动机量产前按 GB 17691—2018 附录 I.2 的要求编制质量保证体系相关材料，并提交给生态环境主管部门，包括但不限于：

——质量保证体系认证证书；

——有效控制生产过程的计划和规程；

——发动机及其后处理总成的安装指导文件。

质量保证体系认证证书的有效性和范围方面的任何修订，都应向生态环境主管部门报告，并提交修订的说明。

7.2　生产一致性保证计划书

企业应在发动机量产前按 GB 17691—2018 附录 I.3 的要求编制生产一致性保证计划书，并按要求提交给生态环境主管部门备案。

生产一致性保证计划书应包括（但不限于）：

——能有效控制产品与型式检验机型一致的规程；

——为检验已经型式检验机型的一致性，需使用的必要的设备清单。

7.3 生产一致性测试计划

发动机量产后，企业应按照按 GB 17691—2018 附录 I.3 的要求编制生产一致性测试计划。生产一致性测试计划应通过机动车和非道路移动机械环保环保信息公开系统在每年 3 月 1 日前提交当年测试计划。

测试计划要包括当年所有量产机型，并声明企业要进行的自查试验。其中 WHTC、WHSC、WNTE、OBD 及 NO_x 控制系统验证、电子控制单元信息一致性必须进行，耐久性可不进行。

对于排放测试，生产企业应制定生产过程控制允差，以便分析每种机型排放检验结果，验证和确保产品的排放特性的稳定性。

生产一致性检查试验可在企业内部试验室或生产线进行，或委托第三方试验室进行。

生产一致性测试应覆盖所有系族，选择系族中的代表机型进行。系族应与型式检验的系族相对应。企业应制订生产一致性自查计划确保批量生产的发动机符合标准要求，且各系族生产一致性抽样比例应不低于以下要求。

7.3.1 排放系族

每个排放系族均应进行生产一致性测试。

生产一致性测试应选择该系族中销量最高的机型进行，每年至少进行 1 次，每次抽取 3 台发动机进行测试。当系族年产量每满 10 000 台后，应增加 1 个机型进行测试，增加机型按照该系族内发动机机型产量排序，从高到低依次选取。新定型系族生产的前 1 000 台应进行 1 次生产一致性测试。系族年产量应以前一年度总销量为基础，结合当年生产计划进行预估。

生产一致性测试的试验项目应至少包括 WHTC、WHSC、WNTE 和电子控制单元信息一致性。

测试计划格式见表 7-1。

表 7-1　排放系族测试计划（示例）

系族	预估年产量/台	机型	预估年产量/台	批量生产日期	测试机型	测试数量/台
A	18 000	A1	12 000	2019 年 10 月	是	3
		A2	5 000	2019 年 11 月	是	3
		A3	1 000	2019 年 12 月	否	—

系族	预估年产量/台	机型	预估年产量/台	批量生产日期	测试机型	测试数量/台
B	9 000	B1	4 000	2020年10月	是	3
		B2	3 000	2020年12月	否	—
		B3	2 000	2020年5月	否	—
……	……	……	……	……	……	……

7.3.2 OBD 系族（包括 OBD、NO_x 控制）

每个 OBD 系族均应开展 OBD 和 NO_x 控制系统验证试验（表 7-2）。每个系族应至少做 1 台，应选择该系族中销量最高的机型进行。机型的试验项目企业可自行定义，至少应覆盖分类验证、功能验证和 NO_x 控制系统验证。

表 7-2 OBD 系族测试计划（示例）

系族	预估年产量/台	排放系族名称	预估年产量/台	批量生产日期	测试机型型号	测试数量/台
A	50000	A1	28 000	2019年10月	A11	3台
		A2	12 000	2019年11月	—	—
		A3	10 000	2019年12月	—	—
		……				
B	30000	A1	14 000	2019年10月	B11	3台
		A2	10 000	2019年11月	—	—
		A3	6 000	2019年12月	—	—
		……				
…	……	……	……	……	……	……

7.4 测试报告

7.4.1 产销量月报

生产企业或进口企业应在发动机量产后每个月10日之前提交上个月所有已信息公开机型的产销量情况，月报表如表 7-3 所示。

表 7-3 产销量月报

企业名称：______________________

填报月份：______年_____月

系族	机型	产量/台	销量/台
A	A1		
	A2		
	……		
B	B1		
	B2		
	……		
……			

7.4.2 季度测试报告

生产企业或进口企业应在每季度下月 10 日前提交上一季度测试报告，包括系族季度测试概况和测试结果报告（表 7-4～表 7-7）。

表 7-4 发动机排放系族季度测试概况

系族	系族总产量/台	测试机型型号	测试机型产量/台	测试数量/台
A		A1		
		A2		
		A3		
		……		
B		B1		
		B2		
		……		
……		……		

表 7-5　发动机排放系族季度测试报告

系族	测试机型型号	测试项目	发动机序号	发动机编号	测试结果（应是按照劣化系数和再生因子修正后的数值）								结果判定	整改措施
					CO/[mg/（kW·h）]	THC/[mg/（kW·h）]	NO_x/[mg/（kW·h）]	NMHC/[mg/（kW·h）]	CH_4/[mg/（kW·h）]	NH_3/10^{-6}	PM/[mg/（kW·h）]	PN/[mg/（kW·h）]		
A	A1	WHTC	1											
			2											
			3											
		WHSC	1											
			2											
			3											
		WNTE	1											
			2											
			3											
		ECU 一致性	1		最大偏差：									
			2		最大偏差：									
			3		最大偏差：									
	A2	……												
	……													
B	……													
……	……													

表 7-6 发动机 OBD 系族季度测试概况

系族	系族总产量/台	测试机型型号	测试机型产量/台	测试数量/台
A		A1		
		A2		
		A3		
		……		
B		B1		
		B2		
		……		
……		……		

表 7-7 发动机 OBD 系族季度测试报告

系族	测试机型型号	发动机编号	测试项目	测试内容	检测结果描述	符合性判定	整改措施
A	A1		1				
			2				
			3				
			…				
B	B1		1				
			2				
			3				
			…				
…	…						

7.4.3 年度分析报告

企业应在下一年度 3 月 1 日前提交本年度分析报告。

年度分析报告应包含上一年度销量数据，生产一致性测试结果与限值的对比分析，以及如发现生产一致性不符合，企业采取的相应的整改措施，完善一致性保证体系，应包括可能会受到同样缺陷影响的同系族机型。具体内容如下：

——生产企业概况，应包括企业集团情况、工厂分布、生产线情况描述及其他企业情况介绍。

——20××年度产销量情况分析，应包括发动机型号、发动机类别、产量、销量等统计分析。

——20××年度生产一致性测试结果汇总及与限值的对比分析，应包括测试机型、测试数量、结果分析等。

——整改措施。

机动车和非道路移动机械环保信息公开系统每季度提供一次修改计划、报告和检验信息上传的窗口时间，生产企业应按要求选择最为临近的时间窗口进行结果上传。

第 8 章　新生产车的达标要求及检查

黄志辉　田 苗

为确保批量生产的车辆满足 GB 17691—2018 第 6.12 条规定的技术要求，整车生产企业应对每个车型（系族）制订检查计划，包括检查项目、检查方法、抽样方法和抽样比例等。

车辆污染物排放自查，应按照 GB 17691—2018 附录 K 规定的整车 PEMS 试验方法进行测试；如果车辆按照 GB 30510 进行整车油耗的生产一致性检查，应同时按 GB 17691—2018 附录 L 进行污染物排放检查。

自查应按照 GB 17691—2018 附录 I 进行，抽样方法应具有统计代表性，能够代表一定生产周期内同批次车辆的排放控制水平。整车生产企业应对车辆检查试验做详细记录并存档，该记录文档应至少保存 5 年。生态环境主管部门可根据需要检查试验记录。下线检查计划和检查结果应进行信息公开。

8.1　质量保证体系

生产企业应在整车量产前按 GB 17691—2018 附录 I.2 的要求编制质量保证体系相关材料，并提交给生态环境主管部门，包括但不限于：

——质量保证体系认证证书；

——有效控制生产过程的计划和规程；

——发动机及其后处理总成的安装指导文件。

质量保证体系认证证书的有效性和范围方面的任何修订，都应向生态环境主管部门报告，并提交修订的说明。

8.2　生产一致性保证计划书

企业应在整车量产前按GB 17691—2018附录I.3的要求编制生产一致性保证计划书，并按要求提交给生态环境主管部门备案。

生产一致性保证计划书应包括（但不限于）：

——能有效控制产品与型式检验车型一致的规程；

——为检验已经型式检验车型的一致性，需使用的必要的设备清单。

8.3　新生产车测试计划

车辆开始量产后，企业应按照按 GB 17691—2018　9.2 和附录 I.3 的要求编制新生产车达标测试计划。整车生产企业应通过机动车和非道路移动机械环保信息公开系统在每年 3 月 1 日前提交当年新生产车达标测试计划。

测试计划要包括当年所有量产车型（系族），并声明企业要进行的自查试验。其中，PEMS、电子控制单元信息一致性、油耗排放联合测试必须进行；远程测试和整车 OBD 验证可由企业自行评估是否测试；若车辆所用发动机为外购发动机，则车辆生产企业也应适当开展发动机排放测试，测试方法参照发动机生产一致性要求。

新生产车达标监督检查试验可在企业内部试验室或生产线进行，或委托第三方试验室进行。

测试应覆盖所有车型（系族），选择系族中的代表车型进行。系族应与型式检验的系族相对应。企业应制订新生产车达标自查计划确保批量生产的整车符合标准要求，且各系族抽样比例应不低于以下要求。

8.3.1　PEMS 测试和电子控制单元信息一致性测试

每个车型（系族）均应进行 PEMS 测试和电子控制单元信息一致性测试。

测试应选择该车型（系族）中销量最高的车型进行，每年至少进行 1 次，每次抽取 3 辆整车进行测试。当系族年产量每满 10 000 辆后，应增加一个车型进行测试，增加车型按照该系族内车型产量排序，从高到低依次选取。新定型系族生产的前 1 000 辆应进行 1 次新生产车达标测试。系族年产量应以前一年度总销量为基础，结合当年生产计划进行预估。

测试计划格式见表 8-1。

表 8-1 排放系族测试计划（示例）

系族	预估年产量/辆	车型	预估年产量/辆	批量生产日期	测试车型	测试数量/辆
A	18 000	A1	12 000	2019 年 10 月	是	3
		A2	5 000	2019 年 11 月	是	3
		A3	1 000	2019 年 12 月	否	—
B	9 000	B1	4 000	2020 年 10 月	是	3
		B2	3 000	2020 年 12 月	否	—
		B3	2 000	2020 年 5 月	否	—
……	……	……	……	……	……	……

8.3.2 油耗排放联合测试

每个进行油耗生产一致性测试的车型，都应进行油耗排放联合测试。测试方法应满足 GB 17691—2018 附录 L 的要求（表 8-2）。

表 8-2 整车油耗排放系族测试计划（示例）

系族	预估年产量/辆	车型型号	型式检验基准车型	预估年产量/辆	批量生产日期	测试车型	测试数量/辆
1	18 000	A1	是	12 000	2019 年 10 月	是	3
		A2	否	5 000	2019 年 11 月	是	3
		A3	否	1 000	2019 年 12 月	否	—
2	9 000	B1	否	4 000	2020 年 10 月	是	3
		B2	是	3 000	2020 年 12 月	否	—
		B3	否	2 000	2020 年 5 月	否	—
……	……	……	……	……	……	……	……

8.3.3 远程测试和整车 OBD 验证

远程测试和整车 OBD 验证可由企业自行评估是否测试，建议每家企业每年至少进行一次（可不对每个系族均进行测试）。整车 OBD 测试方法和远程终端测试方法应满足 GB 17691—2018 附件 KE 的要求（表 8-3、表 8-4）。

表 8-3 整车 OBD 和 NO_x 控制系统检查测试计划（示例）

车型序号	测试车型	预估年产量/辆	批量生产日期	测试数量/辆
1	A	20 000	2019 年 10 月	1
2	B	14 000	2020 年 3 月	1
……	……	……	……	……

表 8-4 整车远程排放管理车载终端检查测试计划（示例）

车型序号	测试车型	预估年产量/辆	批量生产日期	测试数量/辆
1	A	20 000	2019 年 10 月	1
2	B	14 000	2020 年 3 月	1
……	……	……	……	……

8.4 测试报告

8.4.1 产销量月报

生产企业或进口企业应在车辆量产后每个月 10 日之前提交上个月所有已信息公开车型的产销量情况（表 8-5）。

表 8-5 产销量月报

企业名称：________________________

填报月份：____年____月

<table>
<tr><th>系族</th><th>车型</th><th>产量/辆</th><th>销量/辆</th></tr>
<tr><td rowspan="3">A</td><td>A1</td><td></td><td></td></tr>
<tr><td>A2</td><td></td><td></td></tr>
<tr><td>……</td><td></td><td></td></tr>
<tr><td rowspan="3">B</td><td>B1</td><td></td><td></td></tr>
<tr><td>B2</td><td></td><td></td></tr>
<tr><td>……</td><td></td><td></td></tr>
<tr><td>……</td><td></td><td></td><td></td></tr>
</table>

8.4.2 季度测试报告

生产企业或进口企业应在每季度下月 10 日前提交上一季度测试报告，包括系族季度测试概况和测试结果报告（表 8-6～表 8-11）。

表 8-6 整车排放系族季度测试概况

系族序号	系族基准车型号	系族总产量（基准车+视同车）/辆	测试车型	测试车型产量/辆	测试数量/辆
1			A1		
			A2		
			A3		
			……		
2			B1		
			B2		
			……		
……					

表 8-7 整车排放系族季度测试报告

系族序号	系族基准车型	测试车型	测试项目	车辆VIN	排放结果（按照劣化系数和再生因子修正后的数值）				结果判定	整改措施
					CO/[mg/（kW·h）]	THC/[mg/（kW·h）]	NO_x/[mg/（kW·h）]	PN/[mg/（kW·h）]		
1		A1	PEMS							
			ECU一致性		最大偏差：					
					最大偏差：					
					最大偏差：					
		A2	……							
		……								
2		……								
3										
……										

表 8-8　整车油耗排放季度测试概况

系族序号	系族基准车型号	系族总产量（基准车+视同车）/辆	测试车型	测试车型产量/辆	测试辆数
1			A1		
			A2		
			A3		
			……		
2			B1		
			B2		
			……		
……					

表 8-9　整车油耗排放季度测试报告

系族序号	系族基准车型	测试车型	车辆 VIN	油耗结果	排放结果				结果判定	整改措施
					CO/[mg/（kW·h）]	THC/[mg/（kW·h）]	NO_x/[mg/（kW·h）]	PN/[mg/（kW·h）]		
1		A1								
		A2								
		……								
2		……								
3										
……										

表 8-10　整车 OBD 和 NO_x 控制系统检查季度测试报告

车型	车型产量/辆	车辆 VIN	测试项目	测试内容	检测结果描述	符合性判定	整改措施
A			1				
			2				
			3				
			……				
B			1				
			2				
			3				
			……				
……	……						

表 8-11 整车远程排放管理车载终端检查季度测试报告

车型	车型产量/辆	车辆 VIN	测试项目	测试内容	检测结果描述	符合性判定	整改措施
A			1				
			2				
			3				
			……				
B			1				
			2				

8.4.3 年度分析报告

企业应在下一年度 3 月 1 日前提交上一年度分析报告。

年度分析报告应包含上一年度销量数据，生产一致性测试结果与限值的对比分析，以及如发现新生产车不达标，企业采取相应的整改措施，完善一致性保证体系，应包括可能会受到同样缺陷影响的同系族车型。

具体内容如下：

——生产企业概况，应包括企业集团情况、工厂分布、生产线情况描述及其他企业情况介绍。

——20××年度产销量情况分析，应包括车辆型号、车辆类别、产量、销量等统计分析。

——20××年度生产一致性测试结果汇总及与限值的对比分析，应包括测试车型、测试数量、结果分析等。

——整改措施。

机动车和非道路移动机械环保信息公开系统每季度提供一次修改计划、报告和检验信息上传的窗口时间，生产企业应按要求选择最为临近的时间窗口进行结果上传。

第 9 章　在用符合性

解淑霞　谷雪景

9.1　一般要求

生产企业应采取措施保证车辆或发动机的在用符合性。生产企业采用的技术措施应确保在正常使用条件下，车辆在全寿命周期的排气污染物排放都能得到有效控制。

车辆（发动机）的生产企业应按 GB 17691—2018 附录 J 的规定进行在用符合性自查。在用符合性检查应在车辆（发动机）正常使用条件下，在有效寿命期内进行。

9.2　自查计划和报告

车辆（发动机）生产企业应制订在用符合性自查计划，在用符合性自查计划包括试验的时间表和抽样计划等，并在机动车和非道路移动机械环保信息公开系统备案。

车辆（发动机）的在用符合性自查报告应进行信息公开，发动机系族的在用符合性自查报告可作为车辆生产企业的车型系族在用符合性自查报告的一部分。

9.2.1　在用符合性系族

发动机生产企业的在用符合性自查应以发动机系族为基础进行，车辆生产企业的在用符合性自查应以车型或车型系族为基础进行，可涵盖改装车企业生产的扩展车型。

9.2.2　发动机和车辆选择

发动机生产企业进行在用符合性自查时，应尽量选择不同车辆生产企业的车辆进行试验。车辆生产企业进行在用符合性自查时，应尽量选择车型系族内的不同车型进行试验。

生产企业应按照 GB 17691—2018 附录 J.2.2 的要求选择发动机和车辆，样本数量应按照 GB 17691—2018 附件 JA.2 的要求确定。

9.2.3 测试项目

生产企业的在用符合性自查，应按 GB 17691—2018 附录 K 规定的实际道路行驶污染物排放测量方法（PEMS）进行。

9.2.4 测试计划

企业应按照 GB 17691—2018 附录 J 编制在用符合性测试计划，并在每年 4 月将该年度的在用符合性测试计划提交给生态环境主管部门，测试计划模板见表 9-1、表 9-2。

表 9-1 发动机在用符合性测试计划

发动机排放系族名称	系族销量/辆	发动机型号	机型销量/辆	整车型号	整车生产企业名称	试验时间	测试样车数量/辆	样车选择地区
A								××省××市
B								
……								

表 9-2 重型车在用符合性测试计划

车型系族名称（代号）	车型系族划分原则	车型系族销量/辆	整车型号	车型销售数量/辆	发动机型号	发动机生产企业名称	试验时间	测试样车数量/辆	样车选择地区
A									××省××市
B									
……									

9.2.5 测试报告

按照 GB 17691—2018 要求，生产企业应在车辆首次注册后 18 个月内开始进行在用符合性自查。生产企业至少应以每两年为周期提交在用符合性自查报告，并进行信息公开。发动机生产企业自查对象应为同一发动机机型（系族），整车生产企业的自查对象为同一车型（车型系族）。发动机停产 5 年后，生产企业可以停止提交在用符合性自查报告。若某一发动机机型（系族）的发动机年产量少于 300 台，向国务院生态环境主管部门报备后，生产企业可减少进行在用符合性自查的车辆数量。

在用符合性自查的抽样和结果判定按照 GB 17691—2018 附录 JA 执行。并按照 GB 17691—2018 附录 JB 的要求完成自查报告，并将自查报告信息公开。自查报告应包含测试车辆基本信息、主要参数及测试结果。样车基本信息见表 9-3。

表 9-3　在用符合性自查样车基本信息

<table>
<tr><th colspan="8">样车基本情况</th><th colspan="5">使用情况</th><th colspan="4">维修保养情况</th></tr>
<tr><th>样车编号</th><th>车型系族或发动机系族</th><th>车型型号</th><th>VIN码</th><th>发动机型号</th><th>发动机编号</th><th>牌照号</th><th>车辆购买地点</th><th>车辆使用区域（市区、郊区、出埠）</th><th>样车加油情况是否正常</th><th>车辆使用记录（是否有滥用改造等）</th><th>OBD 故障指示记录</th><th>维修保养项目</th><th>对应里程数/km</th><th>频次</th><th>备注</th></tr>
<tr><td>A</td><td></td><td></td><td></td><td></td><td></td><td></td><td></td><td></td><td></td><td></td><td></td><td></td><td></td><td></td><td></td></tr>
<tr><td>B</td><td></td><td></td><td></td><td></td><td></td><td></td><td></td><td></td><td></td><td></td><td></td><td></td><td></td><td></td><td></td></tr>
<tr><td>……</td><td></td><td></td><td></td><td></td><td></td><td></td><td></td><td></td><td></td><td></td><td></td><td></td><td></td><td></td><td></td></tr>
</table>

9.3　排放质保部件

按照 GB 17691—2018 第 6.7 条的规定，生产企业应保证排放相关零部件的材料、制造工艺及产品质量，能确保其在有效寿命期内的正常功能。在信息公开时，应公开排放相关零部件名单及其相应的质保期，并将 GB 17691—2018 第 6.7 条规定的信息在产品说明书中进行说明。

生产企业应详细记录排放质保相关部件的索赔、修理以及维修过程中记录的 OBD 故障的相关信息，相关部件和系统的故障频率和原因也应详细记录，故障记录见表 9-4。

表 9-4　故障记录

部件名称	质保期	维修时间	维修原因	是否 OBD 相关故障	OBD 故障码	故障维修率（维修部件占该部件销量比重）	OBD 故障维修率
A							
B							
……							

第 10 章　远程排放管理车载终端

王宏丽　付雨民

按照 GB 17691—2018 第 6.12.4 条的规定，从国六 a 阶段开始，车辆应装备符合 GB 17691—2018 附录 Q 要求的远程排放管理车载终端，鼓励车辆按 GB 17691—2018 附录 Q 的要求进行数据发送。从国六 b 阶段开始，生产企业应保证车辆在全寿命期内，按 GB 17691—2018 附录 Q 的要求进行数据发送，由生态环境主管部门和生产企业进行接收。

10.1　重型车远程排放监控系统的总体架构和数据流程

考虑到国六重型车在销售前即已安装远程监控终端，为便于统一开发和管理，本标准设计了车辆—企业平台—生态环境部—地方平台的架构。新生产的国五重型车也可参照本架构执行。重型车远程排放监控系统架构见图 10-1。

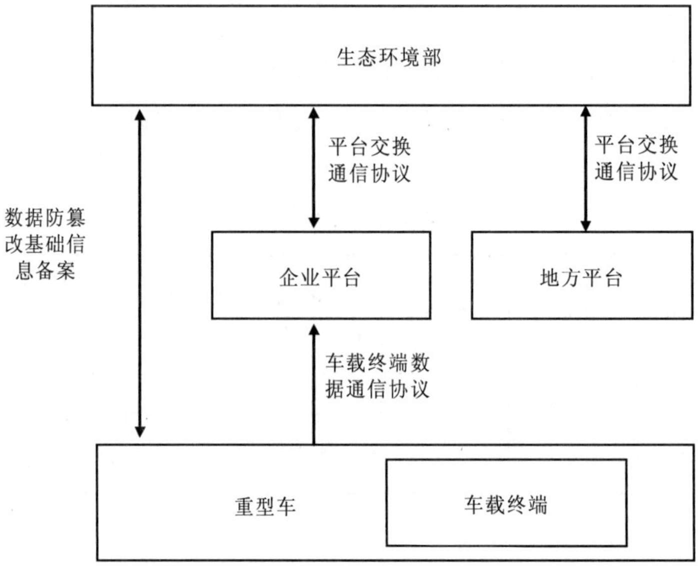

图 10-1　重型车远程排放监控系统架构

对于国五重型车，各地为满足柴油货车攻坚战任务要求，相关重点地区已着手开展国五重型车的联网工作。考虑到国五车辆的架构设计已经定型且不易改变，本标准设计了车载终端的后装模式，各地可参照采用。为保证重型在用车辆监控的实施和满足地方对在用车的监控需求，车辆监控采用车载终端—地方平台—生态环境部的方式（图 10-2）。

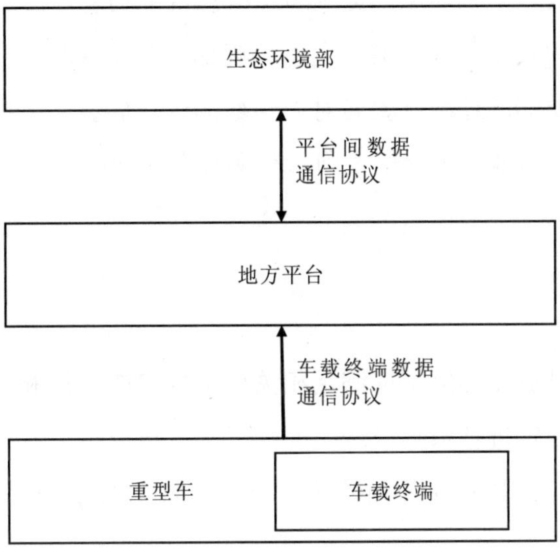

图 10-2　国五重型车远程排放监控系统架构

10.2　平台要求

重型车远程排放监控涉及的平台技术应满足下述规定。

（1）企业平台要求

因为企业平台存储了车辆的数据，并且需与生态环境部进行联结，为保证数据安全和信息安全，企业平台应该符合《信息安全技术　网络安全等级保护基本要求》（GB/T 22239—2019）第三级的安全要求。为保证数据在传输过程中不被丢失，要求企业平台数据上传丢包率不大于 1%。企业平台与生态环境部的数据传输增加了应答机制，保证了数据在传输过程中的握手机制。在正常情况下，数据不应产生丢失，对于上传失败的数据应进行数据补发。

（2）地方平台要求

地方平台为地方提供本地重型车远程排放监控的手段。首先，地方平台应该提供车辆注册的服务功能，并对注册信息进行判定，保证车辆能够注册至地方平台。其次，地方平台应该具备接收企业平台转发或者车载终端直接发送的数据。最后，地方平台应将接收到的数据按规定的通信协议转发至生态环境部，数据转发时延应不大于 10s，数据上传频率应与数据接收频率一致，数据上传丢包率不大于 1%。

（3）生态环境部要求

为保证数据的接收，生态环境部提供静态信息备案功能，接收车企上传的车辆 VIN 备案、车载终端备案和安全芯片备案。生态环境部应具备接收企业平台和地方平台上传实时数据的功能，并能够通过数字签名对上传数据进行验签。生态环境部在接到地方平台的请求后，还应具备向地方平台转发国六车辆数据的功能。

10.3 终端要求

重型车车载远程排放监控终端应满足相关标准规定的功能和性能要求，能够确保在车辆全寿命期内，按规定进行数据发送。安装远程排放监控车载终端，原则上不得占用原有 OBD 接口，如需占用的，应再单独预留出符合相关标准规定的 OBD 接口。

10.3.1 数据采集

车载终端应能采集 OBD 信息和发动机数据流信息，OBD 信息采集应满足表 10-1 的规定。

表 10-1　车载终端的 OBD 信息采集

序号	数据项
1	OBD 诊断协议
2	MIL 状态
3	诊断支持状态
4	诊断就绪状态
5	车辆识别代号
6	软件标定识别号
7	标定验证码
8	IUPR 值
9	故障码总数
10	故障码信息列表

根据发动机后处理技术路线不同，车载终端应能采集发动机排放相关数据。安装 DPF 和 SCR 技术的重型车，以及采用三元催化技术的重型车，车载终端采集的数据见表 10-2，采集频率至少应为 1 Hz。

表 10-2　车载终端采集的数据［采用 DPF 和（或）SCR 技术的车辆］

序号	采用 DPF 和（或）SCR 技术的车辆	采用三元催化技术的车辆
1	车速	
2	大气压力（直接测量或估计值）	
3	发动机净输出扭矩（作为发动机最大基准扭矩的百分比），或发动机实际扭矩/指示扭矩（作为发动机最大基准扭矩的百分比，例如依据喷射的燃料量计算获得）	
4	摩擦扭矩（作为发动机最大基准扭矩的百分比）	
5	发动机转速	
6	发动机燃料流量	
7	NO_x 传感器输出（含上下游）	前氧传感器输出
8	SCR 入口温度	后氧传感器输出
9	SCR 出口温度	—
10	DPF 压差	—
11	进气量	—
12	反应剂余量	—
13	油箱液位 [a]	三元催化器下游温度传感器输出
14	发动机冷却液温度	
15	经纬度	
16	累计里程	

注 [a]：燃气机可不上传油箱液位参数。

对于重型混合动力电动车辆，除应采集上述数据外，还应采集表 10-3 规定的数据。

表 10-3　混合动力电动车辆车载终端补充采集的数据

序号	数据项
1	电机转速
2	电机负荷百分比
3	电池电压
4	电池电流
5	SOC

10.3.2 车辆注册（防篡改信息备案）

为防止数据在传输过程中被篡改，车辆数据应在车载终端内进行数字签名，车载终端要将数据连同数字签名一并发送至企业平台。因为数字签名采用唯一且不可被获取的私钥进行，因此数据传输过程中一旦被篡改，则数字签名验签将不通过。安装在符合GB 17691—2018 的重型车上的车载终端在进行车辆注册时，应按图 10-3 规定的程序进行。注册信息为防篡改备案信息，包括安全芯片标识 ID、储存在安全芯片中的公钥和车载终端通过 OBD 读取的车辆识别代号（VIN）。注册信息应通过安全芯片中存储的私钥添加数据签名后提交。

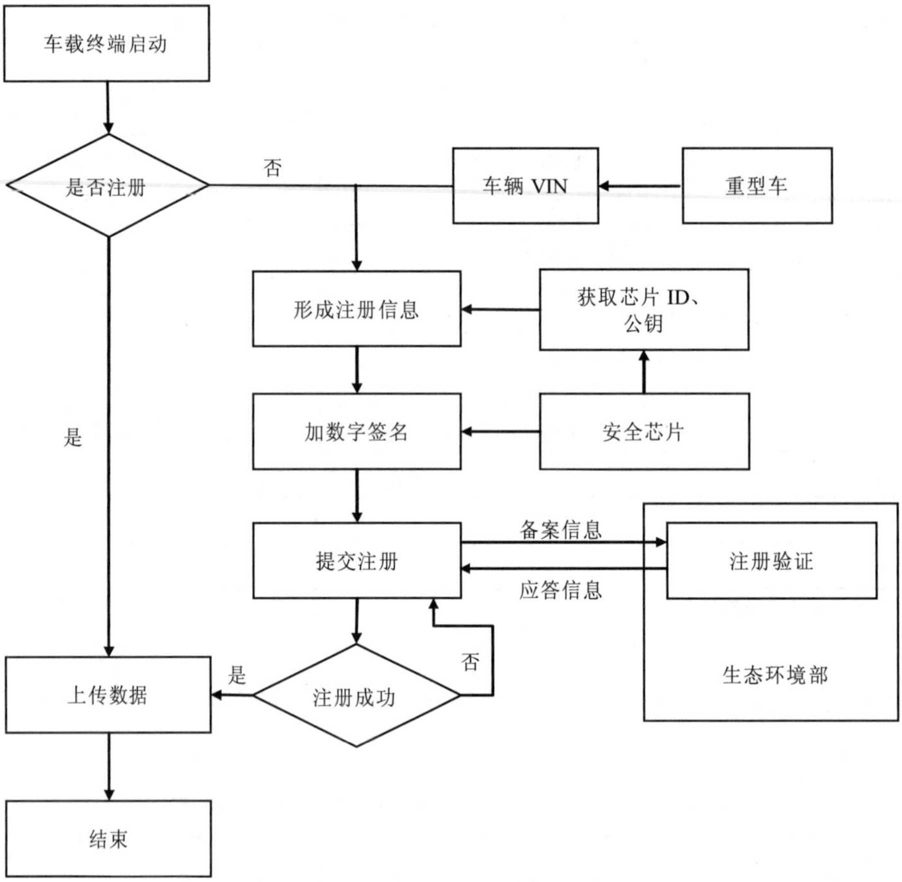

图 10-3 注册流程

10.3.3 数据上传功能

终端注册成功后，将采集的数据添加数字签名，按规定的通信协议进行上传（图 10-4）。

OBD 信息至少 24 h 内上传一次，发动机数据流信息至少 10 s 上传一次。数字签名应遵循《SM2 密码算法使用规范》（GM/T 0009）规定的要求，每个完整的数据包进行一次签名，签名应使用保存在安全芯片中的私钥进行。发动机启动后 60 s 内必须开始传输数据，发动机停机后可以不传输数据。

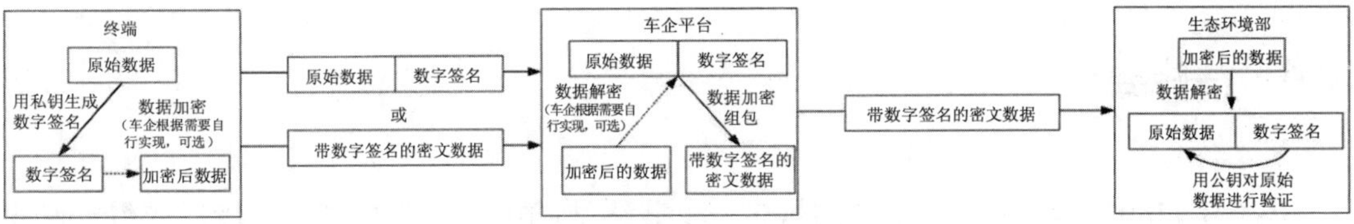

图 10-4 数据上传流程

10.3.4 定位功能

按照目前导航定位的精度，要求车辆在行驶过程中应至少保持道路的准确性，结合现阶段民用导航卫星的定位精度，规定第一阶段的导航定位精度为 5 m，待国六标准 b 阶段正式实施，且民用导航精准定位技术成熟后，提升定位精度至 1 m。对于导航定位更新频率要求与数据采集频率一致，至少为 1 Hz。

10.3.5 防拆除功能

车载终端应具有防拆除技术措施，确保车载终端不被未经车辆生产企业授权的拆除。当车载终端故障或拆除时，车辆应激活驾驶员报警系统，技术允许的情况下可向生态环境部发送拆除报警信息，报警信息包括拆除状态、拆除时间和定位经纬度信息。

10.3.6 安全策略

车载终端应按 GB 17691—2018 附录 Q.4 的要求提供技术可行的安全策略，保证产品各种性能和功能处于安全范围内。

——车载终端存储、传输数据的数字签名应采用非对称加密算法，可使用国密 SM2 算法或者 RSA 算法，并且需要采用硬件方式对私钥进行严格保护。

——车载终端存储、传输的数据应是完整的。

——数据传输过程应当对数据进行扫描，及时发现恶意的数据及攻击行为，如对 ECU 等 CAN 总线设备的写命令，或其他超出正常数据读取的指令，安全检测应当检出 95%以上的攻击，误报率小于 1%，在攻击开始后 10 s 内发现并启动防护措施。

——车载终端只能读取车辆数据，不能向 ECU 发送除诊断请求外的其他任何指令。

——车载终端应只向外发送数据，不应接受除生产企业外的操作指令。

车载终端不应有权威漏洞数据库公开的 6 个月及以上的漏洞，应保证存储数据的安全性，可具备数据安全系统。

10.4 性能要求

按 GB 17691—2018 附录 Q.7 的规定，车载终端的电气适应性能、环境适应性能和电磁兼容性能应符合《电动汽车远程服务与管理系统技术规范　第 2 部分：车载终端》（GB/T 32960.2—2016）中 4.3.1～4.3.3 的要求。其中，对于电磁兼容性，车载终端对沿电源线的电瞬态传导抗扰度试验脉冲 1 的要求为 C 类。

10.4.1 可靠性性能

车载终端使用寿命应不低于 7 年。

10.4.2 盐雾防护性能

车载终端在参照《环境试验　第 2 部分：试验方法　试验 Kb：盐雾，交变（氯化钠溶液）》（GB/T 2423.18—2021）规定的严酷等级（4）进行 2 个试验循环后（对于安装在驾驶舱外的车载终端，应参照 GB/T 2423.18 规定的严酷等级（5）进行 4 个试验循环），正常功能应没有降低（例如，密封功能，标志和标签应清晰可见），功能状态应达到《道路车辆　电气及电子设备的环境条件和试验　第 1 部分：一般规定》（GB/T 28046.1—2011）定义的 C 级。

10.4.3 外壳防护性能

车载终端应至少满足《外壳防护等级（IP 代码）》（GB/T 4208—2017）中规定的 IP53 的防护等级，对于安装在驾驶舱外的车载终端，应至少满足 GB/T 4208 中规定的 IP65 的防护等级，试验后车载终端所有功能应处于 GB/T 28046.1 定义的 A 级。

10.4.4 定位性能

（1）仿真定位精度

首次定位时间：冷启动：TTFF≤120 s；热启动：TTFF≤10 s。

位置更新频率：车载终端应能自动、连续更新位置信息，频率至少为 1 Hz。

（2）整车导航定位精度

整车导航定位精度测试采用高精度（误差在 2 cm 以内）的 RTK 差分定位接收机作为基准，整车行驶时间超过 15 min 后，对车载终端的定位轨迹误差求平均值，在 HDOP≤4 或 PDOP≤6 的情况下，要求误差在 5 m 以内。

附录 A 随车清单样式要求

环保信息随车清单正面包括“中华人民共和国机动车环保信息随车清单”字样、徽标、企业名称、信息公开编号及 VIN 码；背面包括二维码、企业声明、车辆信息、发动机信息、检验信息、污染控制技术信息及生产/进口企业信息等。

A.1 打印要求

双面打印，上边距为 15 mm，左、右、下边距均为 12 mm，随车清单背面部分应保证打印在一页内。

A.2 边框、底纹及水印

随车清单正面及背面边框的花色不同，颜色均为 R54 G85 B138。

随车清单正面及背面使用相同的底纹，覆盖整个页面，颜色为 R225 G236 B241。

随车清单正面无水印，背面有一个直径为 170 mm 的徽标形水印，颜色为 R237 G244 B247，距上下边 63.5 mm，距左右边 20 mm。

A.3 随车清单正面样式要求

A.3.1 标题

第一行居中印制“中华人民共和国”，行距 40 pt，字体采用方正大标宋，字号采用 30 号字，字体颜色为 R168 G0 B0。

第二行居中印制“机动车环保信息随车清单”，行距 40 pt，字体采用方正大标宋，字号采用 30 号字，字体颜色为 R168 G0 B0。

第三行居中印制“（中国第×阶段）”，纯电动车居中印制“（纯电动车）”，行距 50 pt，字体采用方正大标宋，字号采用25号字，字体颜色为R168 G0 B0。

A.3.2 徽标及徽标底纹

徽标应位于纸张正中间位置，尺寸为31.5 mm×31.5 mm。

徽标底纹，底纹尺寸为75 mm×75 mm。

A.3.3 企业名称

字体采用方正大标宋，字号采用25号字，字体颜色为R0 G0 B0。

A.3.4 信息公开编号

与A.3.3内容的距离为10 mm。

第一行居中印制“信息公开编号”字样，字号采用15号字，行高20 pt，中文使用黑体，英文使用Arial，字体颜色为R0 G0 B0。

第二行居中印制信息公开编号，如“CN QH G6 Z2 062200001 000001”，字体采用Arial，字号采用15号字，行高20 pt，字体颜色为R0 G0 B0。

A.3.5 车辆识别代号及条形码

与A.3.4内容的距离为10 mm。

第一行居中印制条形码，条形码应根据Code128编码规则由车辆识别代号生成，尺寸大小约为56.5 mm×7.5 mm，颜色采用R0 B0 G0。

第二行居中印制车辆识别代号（VIN），字体采用Arial，字号采用10号字，字体颜色为R0 B0 G0。此行底部距离边框底部距离应为36.5 mm。

A.4 随车清单背面样式要求

A.4.1 企业声明

声明第一行字体距离边框顶部应为15 mm。字体采用宋体，字号采用9号字，字体颜色采用R0 G0 B0，行距11 pt。

A.4.2 二维码

企业声明右侧位置应打印二维码图案，二维码图案采用 QRCode 编码，尺寸大小约为 23 mm×23 mm，包含内容如下：“http：//xxgk.vecc.org.cn/vin/车辆识别代号”。

A.4.3 车辆信息

与 A.4.1 部分最后一行行距为 8.7 mm，中间用分割线隔开。

标题加粗，字体为 9 号宋体，字体颜色为 R0 G0 B0，行距 11 pt。

A.4.4 发动机信息（若有）

标题加粗，与 A.4.3 最后一行之间行距应为段前增加 5 pt 行距。

字体为 9 号宋体，字体颜色为 R0 G0 B0，行距 11 pt。

A.4.5 检验信息

标题加粗，与 A.4.4 或 A.4.3 最后一行之间行距应为段前增加 5 pt 行距。

字体为 9 号宋体，字体颜色为 R0 G0 B0，行距 11 pt。

A.4.6 污染控制技术信息

标题加粗，与 A.4.5 最后一行之间行距应为段前增加 5 pt 行距。

字体为 9 号宋体，字体颜色为 R0 G0 B0，行距 11 pt。

A.4.7 生产/进口企业信息

标题字体加粗，与 A.4.6 最后一行之间行距应为段前增加 5 pt 行距。

字体为 9 号宋体，字体颜色为 R0 G0 B0，行距 11 pt。

A.4.8 车辆生产日期/车辆进口日期

生产企业选择“车辆生产日期”，进口企业选择“车辆进口日期”应按照 YYYY 年 MM 月 DD 日格式填写。例如 2020 年 06 月 22 日。字体为 9 号宋体，字体颜色为 R0 G0 B0，行距 11 pt。

A.4.9　星号备注（若有）

字体为 9 号宋体，字体颜色为 R0 G0 B0，行距 11 pt。

A.5　随车清单内容填写技术要求

A.5.1　企业名称

环保信息随车清单正面企业名称应填写机动车生产、进口企业全称。

A.5.2　车辆识别代号及条形码

填写具体每辆车的车辆识别代号（VIN），字母应大写。例如“VIN：ABCDE12F3L4567888”。

A.5.3　企业声明

A.5.3.1　声明内容填写生产或进口企业名称全称。

——生产企业应填写生产企业名称且与随车清单正面信息公开主体及清单右下角盖章名称相同；

——进口企业应填写进口商名称且与随车清单正面信息公开主体及清单右下角盖章名称相同。

A.5.3.2　企业承诺满足检验信息部分的排放标准名称及排放阶段；企业承诺满足噪声标准符合情况。

A.5.3.3　企业承诺符合相关标准规定的耐久性要求。

A.5.4　车辆信息

A.5.4.1　车辆型号

应填写车辆的型号。对于不同排放阶段的机动车应采用不同的车辆型号。不同车辆类别应采用不同的车辆型号。不同机动车生产企业生产的车辆型号不能相同。

A.5.4.2　商标

应填写车辆商标，可为中文商标或英文商标。

A.5.4.3 汽车分类

应填写 M1、M2、M3、N1、N2 或 N3 等。

A.5.4.4 排放阶段

应填写“国四、国五或国六”字样。

A.5.4.5 车型的识别方法和位置

应填写车辆铭牌安装位置。

A.5.4.6 车辆制造商名称

生产、进口企业应填写车辆生产企业名称全称；境外改装车进口企业应填写境外改装企业名称全称。

A.5.4.7 生产厂地址

应填写车辆生产线所在地址。例如，××省（区、市）××市（区）××街道（路）××号。

A.5.4.8 发动机顺序号、驱动电机顺序号

（1）对于仅发动机驱动的车辆、除纯电动续驶里程大于或等于 50 km 的插电式混合动力（含增程式）电动汽车外的混合动力电动汽车，仅填写发动机顺序号。

（2）对于纯电动汽车仅填写驱动电机顺序号。

（3）对于纯电动续驶里程大于或等于 50 km 的插电式混合动力（含增程式）电动汽车分别填写发动机顺序号和驱动电机顺序号。

（4）若车辆安装有多个驱动电机，应按照先前后再左右的顺序填写驱动电机的顺序号，纸清单只填写第一个驱动电机的顺序号。其他驱动电机的顺序号仅在电子清单显示。

（5）若车辆采用轮边电机或轮毂电机作为驱动电机时，不需要填写驱动电机顺序号。

A.5.4.9 底盘型号、底盘生产企业

整车（二类底盘）改装车辆应填写原整车（二类底盘）的型号及生产（进口）企业名称。

A.5.4.10 OBD 接口位置

应填写车辆 OBD 诊断接口位置描述。

A.5.4.11 排气管口位置

应填写车辆排气管口的安装位置描述。

A.5.4.12 排气管口朝向

应填写车辆排气管口的朝向描述。

A.5.5 发动机信息

A.5.5.1 发动机信息包括发动机型号、制造商名称、生产厂地址、厂牌、发动机顺序号等。

A.5.5.2 发动机型号

应填写发动机型号。发动机型号应由阿拉伯数字、汉语拼音字母或国际通用的英文缩写字母组成。对于不同排放阶段的发动机应采用不同的发动机型号。不同发动机类别应采用不同的发动机型号。不同发动机生产企业生产的发动机型号不能相同。

A.5.5.3 制造商名称

应填写发动机生产企业名称全称。

A.5.5.4 生产厂地址

应填写发动机生产线所在地址。例如，××省（区、市）××市（区）××街道（路）××号。

A.5.5.5 厂牌

应填写发动机商标，可为中文商标或英文商标。

A.5.5.6 发动机顺序号

应填写驱动车辆的发动机顺序号。填写要求见 A.5.4.8。

A.5.6 检验信息

A.5.6.1 型式检验信息

应填写依据的标准编号、检验机构名称、检验结论。检验结论应填写符合或不符合。

A.5.6.2 下线检验信息

应填写下线依据的标准编号（不含标准年代号）、检验结论。检验结论应填写符合或不符合。纯电动车无此项目。

A.5.7 污染控制技术信息

应填写污染控制装置型号及生产企业名称。型号和生产企业以“/”隔开。

纯电动汽车及混合动力汽车应填写驱动电机型号及生产企业名称。不同生产企业生产的驱动电机型号不能相同。

若污染控制技术信息部分内容较多，而导致该页面不能完全显示，省略部分可用“※”代替，但污染控制技术部分的项目不可减少。如使用“※”省略部分污染控制技术信息的，应在环保信息公开随车清单左下角备注“更多污染控制技术信息见网上公开内容”

字样。格式要求应满足 A.4.9。

A.5.8 生产/进口企业信息

法定代表人应填写生产、进口企业的法定代表人信息。地址应填写生产、进口企业营业执照登记注册地址。电话应填写生产、进口企业联系电话。

A.5.9 信息公开网址

应填写机动车环保信息公开平台网址（http：//www.vecc.org.cn）及企业官方网站网址。暂无企业官方网址的应填写“暂无”。

A.5.10 星号备注

若机动车环保信息随车清单污染控制技术信息部分有 A.5.7 中提到的省略内容则填写；若无省略内容，则此处空白。

A.5.11 企业盖章

应加盖生产、进口企业公章或信息公开专用章。

A.5.12 车辆生产日期/车辆进口日期

生产企业填写“车辆生产日期”，进口企业填写“货物入境时间”。

A.5.13

环保信息随车清单中项目内容应是车辆的实际状态或者数值，不得采用可选择项目或区间值等方式填写，不得涂改。填写项目为空时，应用“—”占位。

致 谢

本书编写工作始于《重型柴油车污染物排放限值及测量方法（中国第六阶段）》（以下简称重型车国六标准）发布之初，经多方通力合作，书稿终于完成，掩卷思量，实感不易，在此表达对各位作者的拳拳谢意。

首先，要感谢生态环境部大气环境司（移动源处）。作为重型车国六阶段排放标准组织修订单位，在标准发布后，及时指导标准实施细则的研究，并组织相关企业积极参与。研究过程中，移动源处崔明明为标准实施主要关键点的筛选、研究课题的设置以及标准实施过程中各方职责的划分等提供了方向性的指导，这是本书编写的基础。

其次，要感谢汽车行业相关参与单位。在本书内容的研究及编制过程中，国内外发动机、汽车整车、发动机后处理制造企业及机动车检测机构积极参与，提供了发动机、整车、后处理装置、OBD 系统等产品，协助开展了相关性能及排放试验，并为重型车国六标准实施的具体内容提供了有益的意见和建议。在此，向所有参与项目的单位，中国第一汽车集团有限公司、中国重型汽车集团有限公司、北汽福田汽车有限公司、陕西汽车集团股份有限公司、上汽依维柯红岩商用车有限公司、南京汽车集团有限公司、东风柳州汽车有限公司、宇通客车股份有限公司、安徽江淮汽车集团股份有限公司、菲亚特动力科技管理（上海）有限公司、五十铃（中国）发动机有限公司、东风朝阳朝柴动力有限公司、安徽华菱汽车有限公司、昆明云内动力股份有限公司、戴姆勒（中国）商用车投资有限公司、潍柴动力股份有限公司、广西玉柴机器股份有限公司、康明斯（中国）投资有限公司、无锡沃尔福汽车技术有限公司、博世汽车柴油系统有限公司、庄信万丰（上海）化工有限公司、巴斯夫催化剂（上海）有限公司、康宁（上海）有限公司、优美科汽车催化剂（苏州）有限公司、广州瑞修得信息科技有限公司、厦门环境保护机动车污染控制技术中心、中汽研汽车检验中心（天津）有限公司、济南汽车检测中心有限公司、中国汽车工程研究院股份有限公司、长春汽车检测中心有限责任公司、上海机动车检测认证技术研究中心有限公司、襄阳达安汽车检测中心有限公司、北京卡达克汽车检测技术中心有限公司、招商局检测车辆技术研究院有限公司、中汽研汽车检验中心（武汉）有限公司（排名不分先后）等表示最诚挚的感谢，你们的参与为重型车国六标准实施细则注入了强大的生命力！

这次标准实施细则的编制不仅得到行业主管部门的支持，而且得到汽车生产企业、后处理生产企业及排放检验机构的共同支持，我们深感欣慰。本书的编制架起了管理部门和企业之间沟通的桥梁，我们相信经过各方共同努力编制的实施细则一定会促进标准的顺利实施。再次向所有参与实施细则研究及编制的单位和个人表示诚挚的感谢，期待下次继续合作。

主编